红灯

红蜜

佳红

U0306833

拉宾斯

雷尼

美早

美早

明珠

萨米特

萨米脱

斯帕克里

桑提娜

晚红珠

艳阳

先锋

黑珍珠

早生凡

生态农产品生产技术与农产品质量安全系列丛书

绿色食品甜樱桃
标准化生产技术

苟 俊 潘凤荣 主编

中国农业科学技术出版社

图书在版编目（CIP）数据

绿色食品甜樱桃标准化生产技术/苟俊，潘凤荣主编．—北京：
中国农业科学技术出版社，2012.9

ISBN 978 - 7 - 5116 - 0998 - 4

Ⅰ.①绿… Ⅱ.①苟…②潘… Ⅲ.①甜樱桃 - 果树园艺
Ⅳ.①S662.5

中国版本图书馆 CIP 数据核字（2012）第 158012 号

责任编辑　崔改泵　贺可香
责任校对　贾晓红

出 版 者　中国农业科学技术出版社
　　　　　北京中关村南大街 12 号　邮编：100081
电　　话　（010）82106631（编辑室）（010）82109704（发行部）
　　　　　（010）82109703（读者服务部）
传　　真　（010）82106631
网　　址　http://www.castp.cn
经 销 者　北京新华书店北京发行所
印 刷 者　中煤涿州制图印刷厂
开　　本　850mm×1168mm　1/32
印　　张　5.75　　插页 4
字　　数　120 千字
版　　次　2012 年 9 月第 1 版　**2014 年 3 月第 3 次印刷**
定　　价　18.00 元

《绿色食品甜樱桃标准化生产技术》
编写委员会

前　言

　　甜樱桃是全世界公认的高档、名贵水果，是落叶果树中成熟最早的水果之一，素有"百果之先"、"春果第一枝"之美誉，因栽培经济价值极高，被誉为"黄金种植业"和"朝阳产业"。

　　近年来，我国甜樱桃产业发展迅猛，面积、产量逐年增加，经济效益十分可观。随着改革开放的不断深入，经济快速发展，人民群众生活水平不断提高，追求绿色、有机、健康食品已成为一种时尚，果品质量备受广大消费者关注。因此，我们根据长期从事甜樱桃生产积累的经验，在中国园艺学会樱桃分会专家的指导下，编写了本书。本书着重从品种与砧木、苗木繁育、标准化管理、病虫害绿色防控技术、甜樱桃采后商品化处理等方面进行了阐述，供广大甜樱桃种植户和农业科技工作者参考。鉴于甜樱桃在科研与生产上还有很多方面有待于更深入的研究和探索，因此，对本书编写中出现的疏漏和错误，敬请同行和读者指正。

在本书编写中，得到了中国园艺学会樱桃分会、中国农业科学院郑州果树研究所、山东省烟台市农业科学院果树研究所、北京市农林科学院林果研究所、辽宁省大连市农业科学院专家的大力支持，在此表示感谢！

编　者

2012 年 6 月

目 录

第一章　概述 ………………………………… 1

一、世界甜樱桃起源、生产及研究回顾 ………… 1

二、我国甜樱桃生产现状及发展前景 ………… 3

三、四川甜樱桃产业发展现状及
存在的问题 ……………………………… 7

第二章　甜樱桃生长发育特性及其对
环境条件的要求 ……………………… 11

一、根系生长发育及其对环境条件的要求 ……… 11

二、甜樱桃营养生长与生殖生长特性及其对
环境条件的要求 ……………………… 14

第三章　甜樱桃优良品种与砧木种类 ……… 23

一、甜樱桃优良品种 ……………………… 23

二、目前我国主要应用的砧木种类 ………… 36

第四章　甜樱桃苗木繁育技术 …………… 40

一、苗圃地的选择与整地 ………………… 40

二、砧木苗的繁育 ………………………… 41

三、苗木嫁接技术 …………………………… 51

四、嫁接苗的管理、苗木出圃与假植 …………… 55

五、幼树培育 …………………………………… 58

第五章　甜樱桃园标准化建设 …………………… 59

一、园址选择与规划 …………………………… 59

二、保护地栽培设施 …………………………… 60

三、品种选择的依据及品种配置 ……………… 71

四、苗木的选择与处理 ………………………… 73

五、栽植时期与密度 …………………………… 74

六、大树移栽 …………………………………… 74

第六章　甜樱桃整形修剪技术 …………………… 76

一、甜樱桃树体生长发育特点 ………………… 76

二、甜樱桃的几种常用树形 …………………… 78

三、修剪的时期及方法 ………………………… 84

四、不同年龄时期的整形修剪特点 …………… 90

五、甜樱桃整形修剪中应注意的问题 ………… 93

六、化学促控技术的应用 ……………………… 94

第七章　甜樱桃栽培土肥水管理技术 …………… 97

一、土壤改良与管理 …………………………… 97

二、绿色食品肥料使用准则 …………………… 100

三、合理施肥 …………………………………… 102

四、灌水与排水 ………………………………… 112

第八章　甜樱桃花果管理 …… 115

一、提高坐果率的技术措施 …… 115

二、疏花疏果，合理负载 …… 117

三、促进果实着色和提高糖度 …… 118

四、采前的果实保护 …… 119

五、赤霉素在花果管理上的合理应用 …… 120

第九章　甜樱桃病虫害绿色防控技术 …… 122

一、甜樱桃病虫害发生概况 …… 123

二、樱桃病虫害发生现状及防治工作中
存在的问题 …… 123

三、樱桃病虫害绿色防控技术要点 …… 125

四、樱桃主要病虫害防治技术 …… 129

五、农药的合理使用及常用农药的配制 …… 149

第十章　甜樱桃自然灾害防御措施 …… 160

一、防风害 …… 160

二、防早春霜冻 …… 161

三、防冻害及幼树越冬抽条 …… 162

四、伤口保护 …… 163

五、保护地灾害的预防 …… 164

第十一章　甜樱桃采后商品化处理技术 …… 166

一、樱桃采收成熟度判断方法 …… 166

二、樱桃的采收时期 …… 167

三、樱桃的采收方法 ……………………… 168

四、樱桃的等级规格划分 ………………… 168

五、包装 …………………………………… 170

六、运输 …………………………………… 170

七、预冷 …………………………………… 170

八、适宜的贮藏条件 ……………………… 171

九、甜樱桃果品采后易发生的病害 ……… 172

参考文献 …………………………………… 174

第一章　概述

　　樱桃是蔷薇科李属樱桃亚属植物。世界上作为果树栽培的樱桃种类有欧洲甜樱桃、欧洲酸樱桃、中国樱桃和毛樱桃。中国樱桃原产于我国，分布广泛，因其果个小、品质差、不耐贮运等，用作生产栽培的品种及面积越来越少。阿坝州汶川县、理县、茂县因距成都地区较近，现有中国樱桃面积200公顷左右。通常所说的大樱桃或甜樱桃是指欧洲甜樱桃，香港称车厘子，是目前乃至今后较长时期樱桃发展的主要方向。

　　甜樱桃是落叶果树中成熟最早的果树树种之一，果品淡季供应市场，素有"百果之先"、"春果第一枝"之美誉，因栽培经济价值极高，美国果农称为"黄金种植业"和"宝石水果"。随着市场经济的发展和人民生活水平的提高，甜樱桃因其果实色泽艳丽、风味品质优良、营养丰富、绿色、无公害、经济效益甚高等，备受栽培者和消费者欢迎，在我国适栽地区蓬勃发展，成为新兴的高效种植业。

一、世界甜樱桃起源、生产及研究回顾

　　甜樱桃起源于欧洲，经济栽培从16世纪开始，当时栽培品种很少，18世纪初叶引入美国栽培，我国甜樱桃栽培

则始于19世纪70年代，由西方传教士和侨民、船员引入，品种也仅限于那翁、养老、大紫、小紫等一些果个小、品质差、不耐贮运的品种。至20世纪80年代，世界上甜樱桃主要分布于欧洲各国以及美国、加拿大、苏联、南非、以色列、日本、中国、澳大利亚、新西兰等国。近20年来，世界甜樱桃种植业一直是一项高效种植业，其采收面积和产量波动上升，世界甜樱桃采收面积1995年为336 966公顷，2004年达到375 781公顷；1995年产量为164.6万吨，2006年达到187.3万吨。据世界粮农组织的资料统计，世界甜樱桃栽培国家收获面积位于前5位的是德国、西班牙、美国、意大利、俄罗斯（2004年），产量位于前5位的分别是土耳其、美国、伊朗、乌克兰、德国（2004年），出口量位于前5位的分别是美国、土耳其、西班牙、智利、奥地利（2000～2003年平均），进口量位于前5位的分别是德国、中国（包括香港和澳门）、日本、英国、奥地利（2000～2003年平均）。2005年美国甜樱桃出口4.84万吨，土耳其出口3.48万吨。2003年我国进口20 614吨，成为世界第2位甜樱桃净进口国。

　　20世纪中叶，世界各国都相继开展了甜樱桃及其砧木的育种工作，并相继育成了许多优良品种。如加拿大以培育自花结实品种为主要育种目标，育成了"拉宾斯"、"斯坦勒"；英国以培育樱桃矮化砧木为主要育种目标，已育成半矮化砧考特（Colt）；美国俄勒冈州用马哈利和马扎德杂交育成M×M（Ma×Ma）系列砧木；比利时育成了GM系列砧木品种以及德国选育的吉塞拉系列樱桃砧木等；我国自20世纪60年代开始研究甜樱桃，选育出一批甜樱桃新品种，如大连市农业科学院选育出红灯、佳红、巨红、红艳、明珠，中国农业科学院郑州果树研究所选育出龙冠，烟台选育出芝罘红，北京市农林科学院林果所选育出彩虹。目前，红灯已在生产上占主导地位，其综合性状均达到国际先进水平。

二、我国甜樱桃生产现状及发展前景

1. 我国甜樱桃生产现状

甜樱桃引入我国始于19世纪70年代。很长一段时间只是零星栽培，直到20世纪70~80年代才开始真正意义上的栽培，而当时的栽种范围主要集中在辽东半岛和胶东半岛，进入20世纪90年代，甜樱桃生产在我国有了突飞猛进的发展，栽培面积、范围迅速扩大，产量、效益不断刷新。

（1）栽培区域　甜樱桃属于喜温而不耐寒，既不抗旱又怕涝，喜光性强的树种。目前，我国甜樱桃栽培限于辽东半岛和胶东半岛的局面已被打破，随着栽培管理技术水平的提高以及农业产业结构调整的步伐加快，北方地区保护地栽培，已将甜樱桃温室生产发展到了沈阳、长春、大庆、哈尔滨等地，南方低纬度高海拔地区的云南、四川以及甘肃、河北、河南、陕西、京津等地都有较大面积栽培。

目前，我国甜樱桃栽培区可划为四个区，即环渤海湾地区、陇海铁路东段沿线地区、西南高海拔地区和分散栽培区（包括新疆以及吉林、黑龙江、宁夏等保护地栽培区）。

环渤海湾地区包括山东、辽宁、北京、河北、天津，是我国甜樱桃商业栽培起步最早的地区，果农已经得到栽培甜樱桃的高回报，种植积极性高，栽培面积和产量迅速增加，此地区带动了国内其他地区甜樱桃种植业的发展；陇海铁路沿线地区包括江苏、安徽、河南、陕西、甘肃等地，此地区甜樱桃栽培起步较晚，1988 年以前极少有生产栽培，早熟和交通便利是此地区发展甜樱桃的两大优势，故甜樱桃种植业已成加速发展之势；西南高海拔地区主要指四川和云南海拔较高，年日照时数在 2 000 小时以上，能满足其低温需要量又不发生严重冻害的地区，此地区甜樱桃栽培面积小，发展潜力大，尤其是四川省阿坝州、凉山州、甘孜州等地山区光照充足、昼夜温差大、降水量少，适宜生长，品质极佳；分散栽培区包括南疆露地栽培区和辽北、吉、黑、宁夏等寒冷保护地栽培区。

根据我国甜樱桃主要生产省市的估计数相加，我国现有甜樱桃面积 10 万～13 万公顷，最集中的栽培区为山东烟台、辽宁大连。

（2）栽培品种　甜樱桃引入我国栽培很长一个时期仅有"那翁"、"大紫"、"黄玉"、"养老"等几个古老品种，分别存在着果个小、产量低、品质差、不耐贮运等缺点，大连市农业科学院自 20 世纪 60 年代开始了甜樱桃新品种选育研究工作，先后育成并推广了"红灯"、"佳红"、"巨红"、"红艳"、"红蜜"、"明珠"、"晚红珠"等优良品种，这些品种的育成，不仅填补了我国樱桃育种的空白，而且增加了我国樱桃品种资源，延长了鲜果供应期，增加了农民收入。另外，随着国际交流的加强，国外引种工作也取得了很大成就，几年间我国果树工作者从美国、意大利、加拿大、日本等国先后引进了"塔顿"（"美早"）、"雷尼"、"意大利早红"、"拉宾斯"、"先锋"、"艳阳"、"萨米特"、"佐藤锦"、"红南阳"、"红手球"等，极大地丰富了樱桃品种的组成。

（3）技术措施 世界樱桃产量曾一度出现下滑趋势，主要原因有产量低、裂果、鸟害严重、采收费工、死树等，近几年，随着科研水平的提高，生产上出现的诸多技术问题都得到了相应的解决。修剪方式发生了改变，变以往的大树冠、多分枝为现在的低干、矮冠、高密度栽培；加大了夏季修剪力度；加强病虫防治；架设防雨棚，防洪排涝，以及防风防鸟措施的应用，变粗放管理为精细栽培。

（4）产量、效益 甜樱桃以往被视为小杂果而不受重视，产量低、效益差，随着人们生活水平的提高，甜樱桃变成了高档果品，由20世纪90年代初5～10元/千克，增至目前20～40元/千克，而且产量也逐年提高，有原来平均亩产400千克至现在平均亩产1 000～1 500千克（高产园可达2 000～2 500千克），获得了高额的经济效益，被果农视为"摇钱树"、"发财树"而大发展。

（5）鲜果供应期 由于保护地樱桃生产和贮运保鲜工作的开展与加强，樱桃鲜果已不再是6月份水果市场的专利品种了，春节前后，南半球生产的鲜果即可上市；早春3月中下旬至4月初，我国自产的温室樱桃逐渐上市；6月露地鲜果进入供应高峰；由于贮运保鲜技术的提高，至8月、

9 月份仍可品尝到鲜红味美的樱桃。而目前采用的袋装育苗、高山育苗、强制制冷设施等，使其早休眠、早萌动，鲜果上市日渐提早。

2. 生产上存在的主要问题

随着甜樱桃生产经济效益的不断增加，各级政府以及广大果农的栽树管树积极性空前高涨，但是在大面积推广过程中还存在着许多问题，比如产业化程度低、生产组织方式落后、现代物流体系和果品流通差、资金投入不足、技术不配套等。同样，在果农的栽培管理过程中也存在着许多问题，比如品种结构不甚合理；生产管理上重前轻后，即 6 月份以前树上有果时加强管理，放松樱桃采收以后的管理；重大轻小，即重视结果大树的管理，幼树期间管理不到位；重上轻下，即重视地上管理，轻视地下管理，忽视土肥水管理；栽培面积增加，病害加重，防治技术较落后以及果品质量差、生产过程中损失严重（病害、鸟害、裂果等）、树体安全越冬问题等。

3. 发展前景

根据联合国粮农组织（FAO）网站上公布的数据，我国 2002 年甜樱桃收获面积为 3 500 公顷，产量为 1.3 万吨。我们暂且以此数字作为我国甜樱桃产量的估计数，其分别占世界樱桃栽培面积和总产量的 0.96% 和 0.73%（世界甜樱桃收获面积和产量分别为 36.4 万公顷和 178.7 万吨），人均不足 10 克；就国内来说，虽然近些年发展的速度很快，但甜樱桃的面积和产量分别是我国果树栽培面积和产量的 0.2% 和 0.02%，其所占份额微不足道。近年来露地栽培的甜樱桃市价为 15~40 元/千克，一些早熟地区达到 50~60元/千克，而保护地的樱桃卖价高达 100~200 元/千克，甚至更高。这样的高价位为农民带来极高的效益。一般情况下，每亩成年樱桃园可产果 750~1 000 千克，产值超过 1 万元。因此，种植甜樱桃成为超高利润的种植业，被誉为"黄金种植业"、"朝阳产业"。我国人口众多，要达到世界平均消费水平，还需要更大的结果面积，但我国甜樱桃的适栽区域有限，很多地区无法种植甜樱桃，当地人要想吃到鲜美的甜樱桃只有靠外运，国内市场潜力巨大，并且我国的甜樱桃出口几乎为零。另外，由于樱桃鲜果的高价位，致使我国的甜樱桃加工量很少，根本无法批量生产。由此可见，我国的甜樱桃生产仍处于供不应求的状态，未来很长一段时间仍有很大的发展空间，随着科研工作的深入和重视程度的提高，必将大大提升我国甜樱桃的国际市场竞争力，扩大出口创汇规模。

三、四川甜樱桃产业发展现状及存在的问题

1. 四川甜樱桃产业发展现状

西南高海拔山地干旱半干旱地区的汉源、汶川、茂县等地于 20 世纪 80 年代中期从大连、烟台等地引进甜樱桃品种。在不同海拔区域进行试验示范。多年的观察表明，甜樱桃在海拔 1 400~2 000 米（阿坝州在海拔 1 400~2 300米）的区域表现出较强的生态适应性，具有果大、色艳、味甜、品质好、产量高等特点，同时甜樱桃同一品种成熟期都较北方早（较山东烟台提前 20 天左右），在全国甜樱

桃样品比较中，西南高地甜樱桃品质明显优于胶东半岛。目前，西南高地甜樱桃种植面积已达0.4万余公顷，但主要为近几年发展，结果面积小，年产量5 000余吨。四川十分注重发展甜樱桃，力争把甜樱桃产业打造成四川民族地区农民增收致富的重要产业。四川各产区先后从外地引进了早、中、晚熟的甜樱桃优良品种和矮化砧木，生产上栽培的品种主要是红灯、巨红、佳红、晚红珠等，近年引进了美早、萨米脱、先锋、艳阳、拉宾斯等。红灯、巨红、佳红、晚红珠综合性状表现较好，但山地肥水条件差，果实采前遇雨裂果较严重。

目前，阿坝州狠抓甜樱桃生产基地建设，按照《四川省甜樱桃标准化生产技术规程》指导基地生产，发挥阿坝州甜樱桃产区无污染的自然生态优势，大力推广甜樱桃绿色规范化栽培技术。在各级政府的重视下，甜樱桃产业发展迅猛，产品价格较高，经济效益好，汶川县甜樱桃已取得绿色食品认证和农产品地理标志保护登记，2011年被农业部评为群众最喜爱产品。

2. 四川甜樱桃产业存在的主要问题

甜樱桃生产不但对生态环境要求严格，同时又是技术和劳动密集型产业，在四川的甜樱桃产区，由于栽培技术没有跟上产业的发展，重栽、轻管，导致甜樱桃产业发展主要存在以下问题。

（1）品种混杂，苗木质量差。长期以来从外地、省外调运苗木，质量参差不齐，规格不一，品种混杂，苗木质量差，严重影响建园质量。

（2）品种结构不合理，早熟品种为主，中晚熟品种少。果树品质、产量、市场竞争力很大程度上取决于品种，我省主栽早熟品种红灯，中晚熟少，采收期比较集中，销售压力偏大；成熟季节遇雨裂果较为严重，严重影响了品质和商品果产量；个别地方没有搭配授粉树或搭配不合理，造成10多年有花不结实现象仍然存在。

（3）樱桃园栽培管理技术落后，措施不当。往往重于栽、疏于管，栽培管理技术较差，导致树体高大，旺长、徒长，园区荫蔽，幼树、成年树整形修剪不当，土肥水管理技术差、花期管理技术缺乏、坐果偏低、结果晚、品质差异大，产量低。

一是不注重整形修剪，导致树形不合理。不注重整形修剪，修剪不到位，不重视生长季修剪，导致树形不合理，树冠密闭，树体生长强旺，营养浪费，树冠成形慢，通风透光不良，延迟进入结果期，结果晚，产量低。

二是肥水管理差。肥料投入不足，有机肥使用量小。果园缺水，果实成熟时遇雨裂果较严重，有些年份和品种裂果率可达30%左右。

三是病虫害防治不到位。介壳虫、根癌病、根茎腐烂病、流胶病、细菌性穿孔病、早期落叶病和果蝇等病虫害较重，特别是果蝇为害严重，个别严重地区虫果率可达60%。

（4）由于近期栽培面积较大，修剪技术没有跟上，现在投产树基本上树体较为高大，采收困难，采摘时安全隐患较大。

（5）甜樱桃采后商品化处理技术差。农民粗放采摘，统货销售，产品质量参差不齐，采后商品化处理技术差，缺乏储藏保鲜。

（6）技术推广体系，信息体系不完善，同时加工滞后。

3. "5·12"地震灾后甜樱桃产业重建发展

四川省阿坝藏族羌族自治州位于青藏高原东部，属边远山区、少数民族地区和革命老区。阿坝州气候条件与世界优质甜樱桃产区——美国西北部地区和加拿大西南部地区的气候条件极为相似，冬无严寒，夏无酷暑，气候冷凉干燥，降雨少，光照和紫外光强，昼夜温差大。这样的气候条件既可满足甜樱桃对低温的需要，又无冻害之忧，同时也有利于糖分的积累和果实着色；由于降雨较少，而空气干燥，病虫发生轻，从开花到果实采收几乎无需施用农药，可以生产名副其实的绿色食品，属世界甜樱桃优质栽培区，也是国内最佳栽培区。

"5·12"地震灾后重建中，汶川县将甜樱桃作为重点产业发展，栽培甜樱桃面积1 000公顷左右。2010年，汶川甜樱桃的售价高达60～80元/千克，每亩的收益上万元，栽培技术好的可以达到2万～3万元，甜樱桃已成为当地农户的主要经济来源之一，成为发挥当地独特的自然资源优势，实现少数民族地区经济持续发展、社会稳定的重要产业。

第二章 甜樱桃生长发育特性及 其对环境条件的要求

一、根系生长发育及其对环境条件的要求

1. 根系的功能及分布

甜樱桃的根按照发生部位的不同可分为主根、侧根和不定根 3 种。主根是由砧木种子的胚根发育形成的,主根发达,分布深,粗壮。主根上发出的分支和分支上的分支成为侧根。不定根是在扦插、压条等无性繁殖方式中由枝条基部的根源基产生的,这种根系分布浅,主根不明显,甚至没有主根。由种子繁殖形成的根系称为实生根系,由不定根发育而成的根系称为茎源根系,茎源根系没有实生根系发达。

甜樱桃根系的生长发育特点取决于砧木类型、繁殖方式、立地条件和栽培管理措施。

中国樱桃砧木主根不发达,主根被几条粗壮的侧根或骨干根代替,须根发达,水平分布范围广,但在土层中分布浅,固地性差。据调查,中国樱桃在冲击性土壤中,一般分布在 5 ~ 35 厘米的土层中,以 20 ~ 35 厘米深的土层中分布最多。马哈利樱桃、山樱桃、酸樱桃主根较发达,根

系分布较深。据调查，以毛把酸为砧木的那翁成龄树，根系分布深达70厘米，80%的根系分布在20~40厘米的土层中。同一种砧木，在不同土壤和肥水管理条件下，其分布范围、根类组成和抗逆性也明显不同，一般土层深厚、疏松肥沃、透气性好、管理水平较高的园块，根系发达，分布广且功能强。

2. 根系对温湿度的要求

温度对甜樱桃根系的影响要远远小于温度对地上部的影响。在年周期中，春季随着地温的缓慢升高，根系开始活动并逐渐活跃起来，进入第一次生长高峰，夏季当地温达到23℃以上时，根系生长变得缓慢；秋季根系进入第二次生长高峰；在冬季，根系生长缓慢与停止是与当时最低土壤温度相一致的，在低温条件下，水的扩散速度变慢，因而影响吸收率，更重要的是在低温条件下，原生质黏性增大，有时完全呈凝胶状态，根的生理活动便减弱或停止。土温过高也能造成根系的灼伤与死亡。

甜樱桃属于既不抗涝又不耐旱的树种。根系生长既要求充足的水分，又需要良好的通气。通常最适于根系生长的土壤含水量为土壤最大田间持水量的60%~80%，当土壤水分降低到某一限度时，即使温度、通气及其他因子都适合，根系也要停止生长。在干旱的情况下，根系木栓化加速，并且自疏现象加重。根系在干旱条件下受害，远比叶片出现萎蔫要早，也就是说，根对干旱的抵抗力要比叶子低得多。土壤水分过多，也不利于根系的生长，水分过多，则通气不良，根系在缺氧的情况下，就不能正常进行呼吸作用和其他生理活动。同时，二氧化碳和其他有害气体就会在根系周围，达到一定浓度时就可能引起根系中毒，造成树体黄化落叶甚至死亡。所以，栽植甜樱桃的地块既要有水浇条件，又必须排水顺畅，做到旱能灌，涝能排。

甜樱桃适宜于年降水量 600～800 毫米的地区生长，对水分的需求总体上与苹果、桃相似，但相对更适宜冬春多水、夏秋少水的条件。

根据我国国家标准《农产品安全质量无公害水果产地环境要求》（GB/T 18407.2－2001），无公害水果生产灌溉用水的 pH 值及 9 类污染物的含量应符合一定要求，其中 pH 值为 5.5～8.5，氯化物≤250 毫克/升、氰化物≤0.5 毫克/升、氟化物≤3.0 毫克/升、总汞≤0.001 毫克/升、总砷≤0.1毫克/升、总铅≤0.1 毫克/升、总镉≤0.001 毫克/升、六价铬≤0.1 毫克/升、石油类≤0.5 毫克/升。要由法定检测机构对水质进行定期监测和评价，灌溉期间采样点应选在灌溉水口上；氟化物的指标数值为一次测定的最高值，其他各项指标为灌溉期多次测定的平均值。

3. 根系对土壤的要求

甜樱桃多属于浅根树种，主根不发达，适宜土质疏松、不易积水的地块，以保肥保水性好的沙壤土或砾质壤土为好，土层深度为 80～100 厘米。甜樱桃根系趋肥性较强，在肥沃的土壤或施肥条件下，根系发达，须根多，活动时间长；相反，在瘠薄的土壤中，根系生长瘦弱，细根稀少，生长时间较短。施用有机肥可促进吸收根的发生。

甜樱桃耐盐碱能力较差，适宜种植于微酸性的土壤，即 pH 值为 6.0~7.5，含盐量不高于 0.1%（表 2-1）。

根据我国国家标准《农产品安全质量无公害水果产地环境要求》（GB/T 18407.2-2001），无公害水果产地土壤环境中汞、砷、铅、镉、铬 5 种重金属及农药六六六和滴滴涕的含量应符合如下要求（表 2-1）。一般 1~2 公顷为一个采样单元，采样深度为 0~60 厘米，多点混合（5 点）为一个土壤样品。

表 2-1　无公害水果产地土壤质量指标　　（毫克/升）

pH 值	总汞≤	总砷≤	总铅≤	总镉≤	总铬≤	六六六≤	滴滴涕≤
<6.5	0.30	40	250	0.30	150	0.5	0.5
6.5~7.5	0.50	30	300	0.30	200	0.5	0.5
>7.5	1.0	25	350	0.60	250	0.5	0.5

二、甜樱桃营养生长与生殖生长特性及其对环境条件的要求

1. 甜樱桃枝芽生长特性

带有叶片的当年生枝条称为新梢。开花结果的新梢称为结果枝，没有花果的新梢称为发育枝，又称为生长枝或营养枝。新梢在秋季落叶后到第二年萌芽前这一段时间称为一年生枝，一年生枝萌芽后为二年生枝，着生于二年生枝的枝条成为三年生枝或多年生枝。

樱桃的生长枝用于扩大树冠，形成骨架，并增加结果枝的数量，幼树期生长枝前部的芽抽生的枝条较长，一般为生长枝；中后部的芽抽生的枝条较短，这些短枝一般是

结果枝或最终发育成结果枝。

结果枝按枝条长度可以划分为混合枝、长果枝、中果枝、短果枝、花束状果枝（图2-1）。混合枝长度在40厘米以上，除基部几个芽为花芽外，其余全部为叶芽。长果枝长度为20~40厘米，除顶芽和上部的腋芽外，其余均为花芽。中果枝长度为10~20厘米，除顶芽和先端几个腋芽外，其余均为花芽。短果枝长度为5~10厘米，花束状果枝长度一般在5厘米以下，这类果枝腋芽均为花芽，仅顶芽为叶芽。花束状果枝与短果枝的主要区别是花束状果枝更短，花芽簇生而密集，有时难以区分节位。甜樱桃的花束状果枝寿命很长，可达10年左右，保持这种果枝的结果性能是实现甜樱桃连年丰产稳产的关键。

叶芽萌发后，新梢开始生长，持续1周左右，进入开花期，新梢生长缓慢，甚至逐渐停止生长，继而发育成短果枝或花束状果枝。花期后，新梢进入迅速生长期，当果

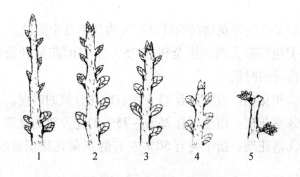

图2-1 甜樱桃结果枝类型

注：1. 混合枝；2. 长果枝；3. 中果枝；4. 短果枝；5. 花束状果枝

实进入硬核期，新梢生长开始减慢，部分枝条逐渐停止生长，到 6 月下旬前后，部分新梢生长停止。这一阶段所生长的新梢称为春梢。7 月中旬前后，强旺的新梢开始迅速进入秋梢生长，秋梢生长可持续到 8 月中下旬，甚至更晚。

2. 甜樱桃开花结实特性

樱桃树一般在日均气温达到 15℃ 左右时即可开花，花期可持续 1~2 周。不同品种的开花期略有不同。花期早晚还与树龄、树势、果枝类型有关。一般幼龄树的花期晚于成龄树，旺树的花期晚于弱树，长枝的花期晚于短枝。开花后 2~4 天柱头黏性最强，为最佳授粉时期。

通常情况下，甜樱桃的花粉落到柱头上 2~3 天后花粉管就能进入花柱；再经 2~4 天，花粉管即可到达胚珠，从珠孔经过珠心进入胚囊，完成受精。这一过程的长短，与温度有关，在适温范围内，较高的温度下受精作用完成得快些，4℃ 以下的低温会严重影响受精过程，导致不能坐果。

甜樱桃的开花物候期可以划分为如下几个阶段。

①花芽膨大期：指全树有 25% 左右的花芽开始膨大，鳞片错开的时期。

②初花期：指全树有 25% 左右的花开放的时期。

③盛花期：指全树有 25%~75% 的花开放的时期。

④落花期：指全树有 50% 左右的花朵花瓣正常脱落的时期。

3. 甜樱桃果实生长发育过程

甜樱桃果实的发育一般需经历三个阶段（图 2-2）。

（1）第一次快速生长期　从谢花开始至硬核前，持续10～15天，日光温室中时间还要加长。此期果实迅速膨大，果粒接近玉米粒大小，果核体积增大到接近成熟时的大小，但呈白色，未木质化，种仁里主要是胚乳发育，呈液态胶冻状。此后，果实大小几乎停止增长。总体而言，果实的细胞分裂在盛花期前后最为旺盛，此后细胞分裂逐渐减弱，而细胞的体积增长逐渐加强，到硬核期时，由细胞生长产生的果实体积增加已经超过细胞分裂所增加的体积。

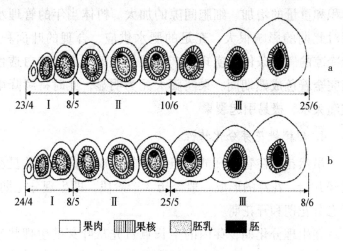

图2-2　甜樱桃果实发育过程

注：a：晚红珠；b：红灯；

Ⅰ第一次速长期；Ⅱ硬核期；Ⅲ第二次快速生长期

（2）硬核期　接近正常大小的果核开始木质化，这是果实在外观体积上几乎停止增长的时期。这一时期，果实外观变化很小，子房中形成可食部分的中果皮的发育几乎停止，而此时形成果核的组织却非常活跃。核壳木质化，硬度逐渐增大，颜色由白色变为褐色。种胚发育迅速，胚乳被吸收，种子形态基本建成，所以此期也称为胚发育期，该期需要 15~40 天。品种间差别较大，早熟品种所需时间短，晚熟品种所需时间长，被认为是控制果实成熟期的关键时期。

（3）第二次快速生长期　果实体积和重量迅速增大，直至果实成熟。此期历时 15 天左右，果实体积和重量增长占采收时果实的 50%~70%，果实生长的主要原因是细胞体积和重量的增加、细胞间隙的加大。树体当年的管理水平对此期的影响很大，充足的肥水供应、合理的叶面积、较冷凉的气候条件是实现丰产优质的关键。果实转白透色至完全着色成熟期间，果实膨大尤为明显，此时持续降雨或灌大水，极易引起裂果。

4. 甜樱桃花芽分化特性

虽然花芽在春季开放，但花芽的形成在前一年的夏季已经开始。花芽的形成一般经历 3 个阶段，即生理分化期、形态分花期和开花期。

在生理分化期，芽内的生长点首先从叶芽的生理状态转变为花芽的生理状态，这种变化都是在细胞生理生化水平进行的，从形态解剖方面观察不到什么变化。生理分化期决定了叶芽能否转化为花芽，是花芽分化的关键时期，故又称花芽分化临界期或花芽诱导期。目前，还不清楚甜樱桃花芽分化诱导期开始的确切时间，根据其他果树的研究，大约是形态分化期前一周或更早的时间。

形态分化通过形态解剖能够观测到，甜樱桃花芽的形态分化大约从春梢停止生长时开始。形态分化开始后 1 个月左右，花芽的外部形态已经与叶芽明显不同，花芽体积已接近入冬时的大小。形态分化开始后，花芽内部的形态变化一刻也没有停止，逐渐分化出花蕾和花器官的原始体，直到冬季落叶进入休眠期。

在硬核期，花束状果枝和短果枝停止生长，腋芽开始膨大，并分化为花芽。在果实采收后，春梢生长停止，被认为是樱桃花芽形态分化盛期，并可一直持续到 7 月中下旬。

在休眠期，在花芽内部观察不到形态方面的变化。当休眠期过后，随着气温的逐渐升高，花芽需要继续发育，形成完整的花器官，直至花蕾开放。

5. 甜樱桃生长发育对温度的要求

甜樱桃属于喜温植物，对温度条件要求比较严格，适于在年平均气温 10～12℃ 的地区栽培。一年中，要求日平均气温高于 10℃ 的时间为 150～200 天。萌芽期适宜温度是 10℃ 左右，开花期为 15℃ 左右，果实成熟期为 20℃ 左右，休眠期低温（0～7.2℃）需求量为 750～1 500 小时。

（1）低温伤害与预防　甜樱桃春季开花期早，影响产量的原因是早春霜冻（3 月下旬至 5 月上旬）。其危害期的温度，在萌芽期为 -1.7℃ 以下，开花期为 -2.8～-1.1℃，此期的低温会造成无柱头、无花粉等花芽畸形，影响授粉受精及幼胚发育（图 2-3）。据报道，甜樱桃花受冻的临界温度为 -2℃，在 -2.2℃ 的温度下半小时，花的受冻率为 10%；当温度降至 -3.9℃，冻害率达到 90%；在 -4℃ 的温度下半小时，几乎所有的花都被冻死。易受晚霜危害的地区要注意加强防范，具体措施见后述。

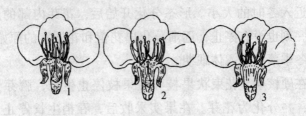

图2-3 甜樱桃的雌雄败育花

注：1. 正常花朵；2~3 雌雄败育花

年均气温10℃以下的地区种植甜樱桃的主要限制因素是冬季温度过低，冻害严重。冬季气温在 - 20~- 15℃且时间比较长时，甜樱桃即可发生不同程度的冻害。冻害表现为花芽、叶芽受冻而死，一二年生或多年生枝条冻死，树干冻裂乃至整株冻死。冻害发生程度与品种、管理水平有很大关系。

甜樱桃在年平均气温12℃以上的地区，一般冬季高温不能满足甜樱桃休眠期对低温的要求。

（2）高温危害与预防 甜樱桃虽不耐低温，高温同样会对其造成伤害。生长季的高温高湿，易造成树体徒长，引起果园郁蔽，病害加重；而高温干旱，又易使叶片早衰，出现早期落叶，植株生长发育不良。果实发育期温度过高，则使果实"高温逼熟"，果实不能充分发育，成熟期虽然提前，但果个小，果实品质差，肉薄味酸，这也是内陆一些地区进行甜樱桃生产的"瓶颈"因子。花芽分化期的高温干燥天气还会刺激花芽分化，产生大量畸形花，如双子房花等，翌年会产生大量双子果或畸形果。另外，高温地区易使树体寿命缩短。预防措施可采用灌溉、树上喷水、覆遮阳网等措施降温。

6. 甜樱桃生长发育对湿度的要求

樱桃根系从土壤中吸取水分，从叶片表面蒸发水分到大气中的过程称为蒸腾作用。蒸腾失水量由叶片气孔、大气蒸腾势、土壤水势、树体水流阻力等因素决定，气孔是树体主动调节蒸腾失水量的关键器官。樱桃的蒸腾失水在夜间接近于零，而在午间失水高峰时能达到每小时每平方厘米叶片失水 1 克以上。

在樱桃年生长发育周期中，休眠期是需水少的时期，果实生长及新梢生长期是需水高峰期，樱桃采收前，当土壤含水量为总有效水分的 40%～60% 时应该灌溉，以免影响树体和果实的正常生长发育。果实转白透色至完全成熟期间，此时持续降雨或灌大水，极易引起裂果，生产上要注意防范。果实采收后适当控制灌水是有利的，不会降低来年的产量和品质。

7. 甜樱桃生长发育对光照的要求

甜樱桃是喜光性树种，全年日照时间应在 2 600～2 800 小时。对光照的要求仅次于桃，比苹果、梨更严格。光照条件良好时，树体健壮，果枝寿命长，花芽充实，花粉发芽力强，坐果率高，果实成熟早，品质好。据研究，开花期的光强度，降到自然光照 27.9% 时，花粉发芽率由 78% 降到 72%，开花至果实发育期光照不良时，坐果率只有自然光照的 16%～18%。树冠郁蔽的樱桃园，内膛光照不足，导致枝叶生长发育不良，叶大而薄，光和能力弱，枝条细弱，难以成花。因此，修剪时要注意打开"光路"。

8. 甜樱桃生长发育对空气的要求

甜樱桃对空气质量要求很高，故要求空气清洁。大气中的粉尘、有毒有害气体均可对其生长发育构成威胁，主要污染物有粉尘、二氧化硫、氟化氢、氯气、二氧化氮、碳氢化合物等。受污染后会造成叶片褪色变白，叶缘坏死等。花期遇害易使花瓣焦枯、花柱坏死，花期如果遇到沙尘暴将严重影响产量。果实受害则产生变色的受害斑点。

根据我国国家标准《农产品安全质量无公害水果产地环境要求》（GB/T 18407.2－2001），无公害水果产地空气中总悬浮颗粒物（TSP）日平均≤0.30毫克/立方米、二氧化硫（SO_2）含量日平均≤0.15毫克/立方米、氮氧化物（NO_X）含量日平均≤0.12毫克/立方米、氟化物含量月平均≤10微克/（平方分米·日）、铅含量季平均≤1.5毫克/立方米。

第三章 甜樱桃优良品种与砧木种类

一、甜樱桃优良品种

1. 红灯

"红灯"由辽宁省大连市农业科学研究院育成,是我国目前广泛栽培的优良早熟品种。叶片特大,阔椭圆形,叶面平展,深绿色有光泽,叶柄基部有 2~3 个紫红色长肾形大蜜腺,叶片在枝条上呈下垂状着生;花芽大而饱满,每个花芽有 1~3 朵花,花冠较大,花瓣白色、圆形,花粉量较多。果实为肾形,大而整齐,初熟为鲜红色,外观美丽,挂在树上宛若红灯,逐渐变成紫红色,有鲜艳的光亮;平均单果重 9.6 克,最大可达 15 克。果肉肥厚多汁,酸甜可口;果汁红色;果核圆形,中等大小,半离核;果柄短粗;可溶性总糖 14.48%,可滴定总酸 0.92%,干物质为 20.09%,每 100 克果肉含维生素 C 16.89 毫克,单宁 0.153%,可溶性固形物含量 17.1%;较耐贮运;品质上等;果实发育期 40~50 天,大连地区 6 月 8 日左右成熟,经济价值很高。

该品种树势强健,树冠大,萌芽率高,成枝力较强,枝条粗壮。幼树期枝条直立粗壮,生长迅速,容易徒长,进入结果期较晚，一般定植后 4 年结果，6 年丰产。盛果期后，短果枝、花束状和莲座状果枝增多，树冠逐渐半开张，果枝连续结果能力强，能长期保持丰产稳产和优质壮树的经济栽培状态。

2. 红艳

"红艳"由辽宁省大连市农业科学研究院育成。果实宽心脏形，平均果重 8 克，最大果重 10 克；果皮底色浅黄，阳面着鲜红色，色泽艳丽，有光泽。果肉细腻，质地较软，果汁多，酸甜可口，风味浓郁，品质上等。可溶性总糖 12.25%，可滴定总酸 0.74%，干物质为 16.33%，每 100 克果肉含维生素 C 13.8 毫克，可溶性固形物含量 18.52%，可食率 93.3%。

"红艳"樱桃树势强健，生长旺盛，7 年生树高达 3.76 米，冠径 3.83 米，长、中、短、花束状、莲座状果枝比率分别为 44.1%、6.47%、6.71%、11.74%、30.96%。幼龄期多直立生长，盛果期后树冠逐渐半开张，一般定植后 3 年开始结果。花芽大而饱满，每花序 1～4 朵花，在"红蜜"、"5-19"、"晚红珠"等授粉树配置良好的情况下，自然坐果率可达 74% 左右，六年生树平均亩产 741 千克，为对照品种"滨库"的 297.2%。早期丰产性好，有一定自花结实能力。大连地区 6 月 10 日左右成熟，和"红灯"同期成熟。

3. 佳红

"佳红"由辽宁省大连市农业科学研究院培育。果实宽心脏形，大而整齐，平均单果重 10 克，最大 13 克。果皮薄，底色浅黄，阳面着鲜红色。果肉浅黄色，质较软，肥厚多汁，风味酸甜适口。核小，黏核，可溶性总糖13.17%，可滴定总酸0.67%，干物质为18.21%，每100克果肉含维生素C 10.57毫克，可食率94.58%，含可溶性固形物19.75%，品质上等。花芽较大而饱满，花芽多，每个花芽有1~3朵花；花冠较大，花瓣白色、圆形，花粉量较大花芽量大，连续结果能力强，丰产。

树势强健，生长旺盛，幼树生长较直立，结果后树姿逐渐开张，枝条斜生，一般3年开始结果，初果期中、长果枝结果，逐渐形成花束状果枝，5~6年以后进入高产期。15年生树高达5米，树冠径2.75米，长、中、短、花束状、莲座状结果枝比率分别为39.8%、11.4%、3.91%、2.12%、42.74%。在"红灯"、"巨红"等授粉树配置良好的条件下，自然坐果率可达60%以上。六年生树，平均亩产1 018千克，8年生树平均亩产1 299千克，较对照品种"那翁"高79%。果实发育期55天左右，大连地区于6月中旬成熟。

4. 明珠

"明珠"是辽宁省大连市农业科学研究院最新选育的早熟优良品种。果实宽心脏形，平均果重12.3克，最大果重14.5克，平均纵径2.3厘米，平均横径2.9厘米；果实底色稍呈浅黄，阳面呈鲜红色，外观色泽艳丽。肉质较脆，风味酸甜可口，品质极佳，可溶性固形物含量22%，可溶性总糖13.75%，可滴定总酸0.41%，干物质为18%，是目前中早熟品种中品质最佳的。可食率93.27%。果实发育期40~45天。树势强健，生长旺盛，树姿较直立，芽萌发力和成枝力较强，枝条粗壮。三年生树高达2.45米，冠径2.71米，幼龄期直立生长，盛果期后树冠逐渐半开张，一般定植后4年开始结果，五年生树混合枝、中果枝、短果枝、花束状果枝结果比率分别为53.1%、24.5%、16.7%、5.7%。花芽大而饱满，每个花序2~4朵花，在"先锋"、"美早"、"拉宾斯"等授粉树配置良好的情况下，自然坐果率可达68%以上。

5. 红蜜

"红蜜"由辽宁省大连市农业科学研究院育成。果实中等大小，平均单果重6.0克，果实心脏形，底色黄色，阳面有红晕。果肉软，果汁多，甜，品质上等，可溶性固形物17%。果核小，黏核，大连地区6月上中旬果实成熟。树势中等，树姿开张，树冠中等偏小，适宜密植栽培。萌芽力和成枝力强，分枝多，容易形成花芽，花量大，幼树早果性好，一般定植后4年即可进入盛果期，丰产稳定，容易管理。

6. 晚红珠（原代号8-102）

"晚红珠"是辽宁省大连市农业科学研究院育成的极晚熟品种，2008年6月通过辽宁省非主要农作物品种审定委员会审定并命名。"晚红珠"樱桃树势强健，生长旺盛，树势半开张，七年生树高达3.78米，冠径5.3米，幼树期枝条虽直立，但枝条拉平后第2年即可形成许多莲座状果枝，七年生树长、中、短、花束状、莲座状果枝比率分别为16.45%、3.13%、5.63%、19.37%、55.42%。花芽大而饱满，每个花序 2～4 朵花，花粉量多，在"红艳"、"佳红"等授粉品种配置良好的条件下，自然坐果率可达 63% 以上。且该品种受花期恶劣天气的影响很低，即使花期大风、下雨，其坐果仍然良好。盛果期平均亩产 1 420 千克。果实宽心脏形，全面洋红色，有光泽。平均果重 9.8 克，最大果重 11.19 克。果肉红色，肉质脆，肥厚多汁，果肉厚度达 1.16 厘米，风味酸甜可口，品质优良，可溶性固形物含量 18.1%，pH 值为 3.4，干物质 17.22%，可溶性总糖 12.37%，可滴定酸 0.67%，单宁 0.22%，每 100 克果肉含维生素 C 9.95 毫克，果实可食率为 92.39%。核卵圆形、黏核。耐贮运。大连地区 7 月上旬果实成熟，属极晚熟品种，鲜果售价高是其突出特点。抗裂果能力较强（主要指阵雨），春季对低温和倒春寒抗性较强。

7. 早红珠（原代号 8－129）

"早红珠"由辽宁省大连市农业科学研究院育成。果实宽心脏形，全面紫红色，有光泽。平均单果重 9.5 克，最大果重 10.6 克。果肉紫红色，质较软，肥厚多汁，风味品质佳，酸甜味浓，可溶性固形物含量 18%。核卵圆形，较大，黏核。果实发育期 40 天左右，大连地区 6 月初即可成熟。较耐贮运。树势强健，生长旺，树姿半开张，芽萌发力和成枝力较强。

8. 巨红

"巨红"由辽宁省大连市农业科学研究院育成。该品种树势强健，生长旺盛，15 年生树高达 5 米，冠径 3.98 米，幼龄期呈直立生长，盛果期后逐渐呈半开张，一般定植后 3

年开始结果。花芽大而饱满，每个花序 1~4 朵花，花粉量多，在"红灯"、"佳红"等授粉品种配置良好的条件下，自然坐果率可达 60% 以上。盛果期平均亩产 872 千克。果实宽心脏形，整齐，平均横径 2.81 厘米，平均果重 10.25 克，比世界名种"那翁"的 5.99 克大 4.26 克（大71.11%），最大果重 13.2 克；果实可食率为 93.12%，总糖、干物质、总酸、维生素 C 等含量均高于世界名种"那翁"。果核中等大小，黏核。果实发育期 60~65 天，大连地区 6 月下旬成熟。

9. 13-33

"13-33"是由辽宁省大连市农业科学研究院选育的中晚熟优良品系。果实宽心脏形，全面浅黄色，有光泽。被誉为"金樱桃"，曾被日本引入并命名为"月山锦"。平均果重 10.1 克，最大果重 11.4 克。果肉浅黄白，质较软，肥厚多汁，风味甜酸可口，有清香，品质最上，可溶性固形物含量 21.2%。核卵圆形，黏核，较耐贮运。适于鲜食和加工。大连地区 6 月下旬果实成熟。

10. 5-106

"5-106"是由辽宁省大连市农业科学研究院选育的极早熟优良品系。果实宽心脏形，整齐，平均纵径 2.02 厘米，平均横径 2.45 厘米，全面紫红色，有光泽。平均果重 8.65 克，最大果重 9.8 克。果肉红紫色，质较软，肥厚多汁，风味酸甜可口，可溶性固形物含量 18.9%。果实可食率达 93.13%。核卵圆形，黏核，较耐贮运。果实发育期 38 天左右，大连地区 5 月末果实成熟。

树势强健，生长旺盛。萌芽率高，成枝力强，枝条粗壮。一般定植后 3 年开始结果。11 年生树长、中、短、花束状、莲座状果枝的比率分别为 8.95%、9.36%、7.94%、15.46%、58.29%。莲座状果枝连续结果能力可长达 7 年，莲座状果枝连续结果 4 年的平均花芽数为 4.15 个，5 年的平均花芽数 4.3 个。

11. 萨米特（Summit）

"萨米特"由加拿大以"先锋"和"萨姆"杂交育成。果个大，平均单果重 11～13 克。果实心脏形，紫红色，果形及色泽美观光亮，果肉较脆，口味酸甜，风味浓，品质上等，商品性能好。果皮韧度较高，裂果轻。成熟期比红灯晚 15 天左右，大连地区 6 月下旬成熟。

树势中庸健壮，叶片中大，节间短，树体紧凑，早果丰产性能好，产量高。初果期多以中、长果枝结果，盛果期以花束状果枝结果为主。花期稍晚，适宜晚花品种作为授粉树。

12. 美早（PC7144 - 6，Tieton）

"美早"是由大连市农业科学院 1988 从美国引入的早熟优良品种。美国华盛顿州立大学育成，亲本为斯特拉（Stella）×早布莱特（Earlyburlat），果实为宽心脏形，平均纵径 2.43 厘米，横径 2.66 厘米。平均果重 9.4 克，最大果重 13.5 克。果色鲜红，充分成熟时为紫红色至紫黑色，具明亮光泽，艳丽美观。果个大，果柄粗，肉质脆，肥厚多汁，风味酸甜可口。可溶性固形物含量为 18% 左右，可食率 92.3%。果核近圆形，中等大小，半离核。比红灯品种略晚。

该品种幼树生长旺盛，分枝多，枝条粗壮，萌芽率和成枝力均高，进入结果期较晚，以中、长果枝结果为主。成龄树树冠大，半开张，以短果枝和花束状果枝结果为主，较丰产。叶片特大，叶色深绿；蜜腺大，多数 2 ~ 3 个，肾形，红色。花芽大而饱满，花冠大。

13. 雷尼（Rainier）

"雷尼"由美国华盛顿州培育，黄色品种，滨库（Bing）×先锋（Van）杂交选育，大连市农业科学院 1988 从美国引入并推广。果实宽心脏形，底色浅黄，阳面鲜红色霞，充分成熟时果面全红，具光泽，艳丽。平均果重 10 克左右。果个大，果肉硬，果肉黄白色，肉质脆，风味酸甜可口，可溶性固形物含量 18.4%，风味好，品质佳。耐贮运。

该品种树势强健，树冠紧凑，幼树生长较直立，随树龄增加逐渐开张，枝条较粗壮、斜生。幼树结果早，以中、长果枝结果为主；盛果期树以短果枝和花束状果枝结果为主，丰产稳产。较抗裂果，适应性广。花芽大而饱满，花粉多，自花不育，是优良的授粉品种。

14. 早大果

"早大果"由乌克兰农业科学院灌溉园艺科学研究所育成。果实大而整齐，平均单果重 8 ~ 10 克。果皮紫红色，果肉较硬，果汁红色。果核大、圆形、半离核。可溶性固形物 16% ~ 17%，口味酸甜，酸味较重。果实成熟期一致，比"红灯"品种略早。

该品种树体健壮，树势自然开张，树冠圆球形，以花束状果枝和中短果枝结果为主，幼树成花早，早期丰产性好。自花不育。

15. 斯坦勒（stella）

"斯坦勒"是由加拿大育成的自花结实品种。果实中大，平均单果重 7 克，最大果重 9 克。心脏形，果顶钝圆，缝合线明显，果柄细长。果面紫红色，艳丽美观。果肉质硬而细密，酸甜较适口，可溶性固形物含量 16.8%，风味佳。可食率 91%，果皮厚而韧，耐贮运。大连地区 6 月中下旬果实成熟。

该品种自花结实能力强，花芽充实饱满，花粉多，可以作为很好的授粉品种。树势强健，树姿开张，枝条健壮，新梢斜生，幼树结果早，丰产稳定。较抗裂果，但抗寒性较差。

16. 龙冠

"龙冠"由中国农业科学院郑州果树研究所育成。果实宽心脏形，鲜红至紫红色，具亮丽光泽。平均单果重 6.8 克。果汁紫红色，甜酸适宜，风味浓郁，可溶性固形物含量 13% ~ 16%。果柄长。果肉较硬，贮运性较好。果实发育期 40 天左右。自花结实率 25% 左右。树体健壮，花芽抗寒性强，开花整齐，适合我国中西部地区栽培。

17. 艳阳（sunburst）

"艳阳"是由加拿大育成的自花结实品种，是"拉宾斯"的姊妹系。果个大，平均单果重 13 克左右。果实圆形,果柄中长,果皮深红至黑红色,有光泽。风味酸甜,味浓,质地较软,多汁,含可溶性固形物18%。成熟期比拉宾斯早4~5天。

树势强健,树姿开张,树冠中大。幼树生长快,树势较强,半开张。丰产性能好,高产稳定,可连续高产,成年树如生长过旺会导致果实变小,含糖量下降。叶片大,深绿色。抗裂果性强,抗寒性较强。

18. 拉宾斯(Lapins)

"拉宾斯"是由加拿大育成的自花结实品种。早实丰产,枝叶密集,果个较大,平均单果重8克(加拿大报道单果重10.2克)。果实近圆形或卵圆形。果面紫红色,有光泽,果皮厚韧,果肉较硬。果肉肥厚多汁,肉质硬脆,口味甜酸,可溶性固形物含量16%。

树势强健,树姿开张,树冠中大,幼树生长快,新梢直立粗壮。幼树结果以中、长枝果枝为主。盛果期多为花束、莲座状果枝结果,连续结果能力较强,产量高而且可连续。花芽较大而饱满,开花较早,花粉量多,自交亲和,并可为同花期品种授粉。抗裂果。砧木宜选用马扎德,需重度修剪,降低坐果率,每年将1/3新梢摘心,秋天落叶较早,枝条充实,抗寒性较强。

19. 先锋(van)

"先锋"是由加拿大育成的优良甜樱桃品种,世界各地曾广泛栽培。1983年由中国农业科学院郑州果树研究所引入。平均单果重7~8克,最大果重10.5克,产量过高时果实变小。果皮紫红色,有光泽,艳丽美观。果梗短粗。果肉紫红色，硬脆多汁，甜酸适度，可溶性固形物17%，品质中上等。可食率92.1%。耐贮运。果实生育期50～55天，大连地区6月下旬成熟。

该品种树势中庸健壮，新梢粗壮直立，幼树新梢棕褐色，大枝紫红色。叶片较大，深绿色，平展，有光泽。以短果枝和花束状果枝结果为主，花芽容易形成，花芽大而饱满，花粉量多。幼树早果性好，丰产稳产，果实裂果轻，耐贮运，树体抗寒性强和越冬性好。

20. 滨库（Bing）

"滨库"原产于美国，是美国、加拿大的主栽品种之一。果个较大，平均单果重7.2克。果实宽心脏形，近梗洼处缝合线处有短深沟。果皮深红至紫红色，有光泽，外形美观，果皮厚韧。风味酸甜，味浓，质地脆硬，耐贮运。大连地区6月中下旬果实成熟。

树势强健，树姿较开张，树冠中大。枝条粗壮，直立。幼树生长快，树势较强，成年树以花束状果枝和短果枝结果为主。

21. 红手球

"红手球"由日本山形县在杂交实生苗中选出，1997年登记，大连市农业科学院2000年引进。为晚熟品种，果实短心脏形，果个大，10克左右，硬肉，果皮鲜红色，可溶性固形物含量17%～20%。果柄较短。初成熟时果实鲜红色，充分成熟后为浓红色，外观鲜艳美观。果肉浅黄色，质地较脆，果汁多，风味优，甜酸适口，半离核。耐贮运。果实生育期70天左右。授粉品种有南阳、红秀峰、佐藤锦等。成花早，早果性好，定植后第 3 年开始结果，但树势较弱。

表 3 - 1 是欧美各国近年来育成的甜樱桃优良新品种，部分品种已引入我国，品种特性仅供参考。

表 3 - 1　欧美育成的甜樱桃优良新品种

品种	原名	来源	亲本	果色	成熟期 *（天）	平均单果重（克）	可溶性固形物（%）	其他性状
秦林	Chelan	美国华盛顿大学 1997 年推出	斯太拉 ×eauliu	深红	-10	6.5		丰产
开士米	Cashmere	美国华盛顿大学 1997 年推出	斯太拉 ×伯莱特	深红	-8	6.5		迟花、耐寒、自花结实
西姆考	Simcoe	美国华盛顿大学 1997 年推出	斯太拉 ×Hollander	深红	-8	7.6		硬度高、树姿开张、丰产
桑提娜	Santina	加拿大 1996 年推出		紫	-8	9.5	17.0	自花结实
乔治亚	Giorgia	意大利 1996 年推出		红	-8	6.6	17.2	树姿开张、丰产
赛勒斯特	Celeste	加拿大推出		深红	-6	10.7	17.6	自花结实、紧凑型
埃德安娜	Adriana	意大利 1996 年推出		红	-6	7.1	14.7	非常抗裂果、丰产
克瑞西林娜	Cristalina	加拿大 1996 年推出		紫	-5	10.0	17.1	树姿开张、丰产

（续表）

品种	原名	来源	亲本	果色	成熟期*（天）	平均单果重（克）	可溶性固形物（%）	其他性状
茵代克思	Index	美国华盛顿大学1997年推出	斯太拉实生	深红	-5	7.6		自花结实、丰产
克瑞斯汀	Kristin	美国康乃尔大学1987年推出		红	-3	7.7	18.8	丰产
乌尔斯特	Ulster	美国康乃尔大学1987年推出		红	-3	7.3	17.2	丰产
哥拉谐	Glacier	美国华盛顿大学1997年推出	斯太拉×伯莱特	深红	-2	10.0		自花结实、硬度低
万德雷	Vandalay	加拿大安大略省1996年推出		红	-1	8.0	18.1	硬度高、风味好
桑巴	Samba	加拿大1996年推出		深红	+2	11.4	18.6	自花结实
桑抉玫瑰	Sandra Rose	加拿大1996年推出		深红	+3	11.6	20.1	自花结实、丰产
霍特福德	Hertford	英国1996年推出		红	+4	9.0	17.6	硬度高、耐贮运
奥林帕斯	Olympus	美国华盛顿大学1997年推出	秋鸡心×先锋	深红	+4	7.9		树姿开张、丰产

（续表）

品种	原名	来源	亲本	果色	成熟期 *（天）	平均单果重（克）	可溶性固形物（%）	其他性状
泰兰尼	Tehranivee	加拿大安大略省 1996 年推出		红	+5	9.0	16.1	自花结实
考迪亚	Kordia	捷克 1983 年推出	偶然实生	红	+7	9.0	17.6	硬度高、丰产
瑟娜特	Sonata	加拿大 1996 年推出		紫	+7	12.7	19.1	自花结实、稳产
考尼	Colney	英国 1996 年推出		红	+8	8.6	17.8	不抗裂果
瑞吉娜	Regina	德国 1990 年推出		紫	+12	9.3	17.5	树势旺
斯克纳	Skeena	加拿大 1997 年推出		紫	+16	11.6	19.2	果柄粗、自花结实
西姆佛尼	Symphony	加拿大 1997 年推出		紫	+20	10.6	17.0	硬度高、抗裂果
甜心	Sweetheart	加拿大 1996 年推出		深红	+20	8.5	16.6	自花结实、丰产

注：*"－"为成熟期比拉宾斯（Lapins）提早的天数；"＋"为推迟的天数

二、目前我国主要应用的砧木种类

1. 中国樱桃（主要指大叶草樱、大青叶等）

中国樱桃原产我国长江流域，抗寒性较弱，主要分布在黄河、长江流域，山东、河南、江苏、安徽等省份较多。

本种类型很多，有许多可作甜樱桃砧木，目前生产上常用的有大叶草樱、大青叶、莱阳矮樱等，在山东地区作甜樱桃砧木应用较多。其共同特点为易压条，分株繁殖，与甜樱桃嫁接亲和力强，无明显的大小脚现象，植株生长健壮，对土壤要求不严，根系完整，须根量大，根系分布相对较浅，较抗旱、较耐涝。莱阳矮樱虽有一定的矮化作用，但其嫁接树流胶病发生严重，生产中不宜采用。

2. 本溪山樱

本溪山樱主要分布于辽宁省本溪、宽甸、凤城等地。为高大乔木，抗寒性强，耐瘠薄。作为甜樱桃砧木，在辽宁金州以北地区应用较多。此砧木大多采用种子繁殖，根系较发达，粗细根比例较合适，与甜樱桃品种嫁接成活率高，但小脚现象严重，大量结果后易使树势衰弱。本溪山樱不抗涝，水淹几个小时即会发生涝害，故黏重土壤、排水不畅的樱桃园块一定要挖排水沟，地下水位高的地块慎用此砧木。

3. 马哈利樱桃

马哈利樱桃原产于欧洲，欧美各国应用较多，20 世纪 80 年代引入我国，现在我国大连地区、陕西、甘肃等地广泛应用。灌木或小乔木，多分枝，采用种子繁殖，种子粒小，皮薄，干种子千粒重 75 克左右，每千克种子可达 14 000 粒左右。抗旱、耐寒、耐盐碱、抗根癌病能力较强，耐瘠薄，适应性强。马哈利樱桃与甜樱桃品种嫁接成活率高，植株生长健壮，树体抗流胶病能力强，早果性好，但有明显的小脚现象，且根系以粗根为主，大量结果后易使树势衰弱。生产上进入盛果期后要注意控制产量，可有效地控制早衰。

4. 吉塞拉系列（Gisela）

吉塞拉系列由德国研制育成，现有 17 个号，其中 5 号和 6 号在我国开始小面积测试并应用。吉塞拉 5 号和 6 号均为酸樱桃和灰毛叶樱桃的杂交后代，根系发达，抗寒性强，抗病毒病，能诱导早花早果，同大多数甜樱桃品种嫁接亲和，嫁接后 2~3 年开始结果，第 4 年丰产，早结果，早丰产，树体矮化效果明显，适合于密植果园，但经济寿命短，是世界上广泛试栽的矮化砧木。吉塞拉 5 号嫁接树只有乔化砧 F12/1（马扎德樱桃）的 30%~60%，吉塞拉 6 号不如 5 号矮化，但耐涝耐旱。吉塞拉 5 号和 6 号一般采用扦插、组织培养方法繁殖，对土壤适应性广，适于黏重土壤栽培。

5. ZY-1（CAB-11E）酸樱桃

ZY-1 酸樱桃是 1988 年中国农业科学院郑州果树研究所从意大利引进的甜樱桃半矮化砧木品种，已在河南、陕西、山西、江苏、安徽、四川等地广泛应用。表现为与甜樱桃品种嫁接亲和性强，适应的土壤类型较广泛，对干旱和瘠薄土壤有较强的适应能力，在 pH 值为 8 以下的微碱性土壤上也能正常生长。进入结果期早，且早丰产。但根蘖较多。

6. 考特（Colt）

"考特"是英国东茂林试验站利用甜樱桃和中国樱桃杂

交育成的第一个甜樱桃半矮化砧木。考特分蘖生根能力很强，根系发达，抗风能力强，扦插繁殖或者组织培养繁殖容易，与甜樱桃品种嫁接亲和力强，嫁接成活率高，接口愈合良好，无"大小脚"现象。嫁接苗结果期早，花芽分化早，果实品质好，早产早丰。考特的不足之处是易患根癌病，抗旱性差，也不宜栽植在黏重土壤、透气性差及重茬地块上。

7. 对樱桃

对樱桃原产北京郊区，分布在海淀、门头沟等区县。砧木苗根系发达，生长健旺，较抗根瘤病，与甜樱桃嫁接亲和力较好。嫁接树无大小脚现象，经济寿命长。采用扦插、压条、分株法繁殖，种子繁殖出苗率低。

8. IP – C 系

IP – C 系由罗马尼亚果树研究所育成，IP – C 系的 1 号已经引入我国，是一种甜、酸樱桃普遍适用的矮化砧木。以其为砧木的樱桃树长势中庸偏弱，结果早，产量高于考特砧的。以 IP – C1 为砧木的甜樱桃，定植后第 2 年一般即可形成花芽。IP – C1 的耐涝性很强，据试验，嫁接在 IP – C1 上的甜樱桃在水分持续过量 4 ~ 5 天时，植株仍然表现正常，而嫁接在 F12/1 砧木上的甜樱桃则有 20% ~ 30% 的植株死亡。IP – C1 可通过扦插、压条以及组织培养的方法繁殖。

第四章　甜樱桃苗木繁育技术

生产上使用的甜樱桃苗木一般通过嫁接方式繁殖，嫁接用的砧木可通过无性繁殖（扦插、压条、分株、组织培养等）和有性繁殖（种子播种）方式进行。

一、苗圃地的选择与整地

1. 苗圃地选择

要培育优质壮苗，苗圃地的选择是关键，苗木在苗圃地生长时间较长，通常需 2 年的时间，所培育苗木质量的好坏，除与育苗技术有关外，苗圃地的选择非常重要。樱桃苗圃地要选在土地平整、土层深厚、土壤肥沃、光照充足、地下水位在 1 米以下、排灌水方便的沙壤土地上。在黏土地育苗土壤易板结而造成苗木死亡，樱桃苗根系少，生长不整齐，出圃率低；在瘠薄的沙地育苗，苗木黄化、生长细弱。切记不要在前茬是果树苗圃、果园地或盐碱地育苗，更不能用工厂或生活排污水浇灌苗圃。

2. 整地施肥

育苗前要根据地势和走向进行规划，定好育苗畦走向和排灌渠道，然后施肥整地。如有条件，最好在深秋每亩撒施 4~5 吨的优质圈粪或土杂肥，如果施纯鸡粪，需腐熟后再使用，深耕耙平。第二年春天待育苗时再修建排灌渠道和整育苗畦，在不积水的地块可整成平畦，平畦宽 1 ~ 1.2 米，长度据育苗地实际情况而定，长不宜超过 50 米；易积水地要整成高畦，高畦宽 30 ~ 40 厘米、高 15 厘米左右，畦间留 30 厘米的排灌水沟。压条、分株繁殖不必整成畦作，直接垄作。在育苗前 5 天要灌足底水。

二、砧木苗的繁育

1. 实生繁殖

目前，生产上实生繁殖可采用山樱、马哈利樱桃作砧木。实生繁殖的种子最好在当地或气候相似的地区采种，选择生长健壮、无病害为害的成龄树为母本，当果实发育充分成熟时采收。

种子采集：宜在果实充分成熟期采收。采收的果实要尽快浸入水中搓洗，去掉果肉和瘪种，将沉入水中的成熟种子捞出。新采集的种子一般要经过层积处理，使其完成后熟才能萌芽。砧木种子一般在 5 ~ 7℃，相对湿度 65% 左右条件下沙藏层积。

层积方法：将种子与湿沙按 1:3 比例拌匀。然后放入塑料箱（或塑料筐）中并置于阴凉处。期间经常检查沙的湿度，以保持手握成团，不见有水滴出为宜。在冬季来临前，选取不易积水的干燥处挖一深沟，将装有湿沙和种子的塑料筐放入并覆土，并高于地面。酸樱桃种子需要 200 ~ 300 天，山樱桃需要 180 ~ 240 天。另外，用赤霉素 50 ~ 300 毫克/升溶液浸泡 6 ~ 48 小时，萌芽率可提高到

80%～90%。

培育实生砧木苗常用直播法。其步骤包括苗圃地选择、苗圃地准备、播种（播种时间、方法、深度）以及播种后管理等。

苗圃地一般选择地势较为平坦、有水源、地下水位低、通风、光照条件良好的沙壤土。

播种前准备：先深翻地。一般在深秋进行，深度 25 厘米以上。每亩施用 5 吨左右腐熟的有机肥（厩肥、堆肥）、15～20 千克/亩复合肥，然后平整作厢，厢面宽 1.2 米，长 8～10 米，厢沟深 25～30 厘米、厢沟宽 30～40 厘米。浇足底水，适时播种。

播种及播后管理：播种时间一般在 2 月中下旬至 3 月上旬。多采用宽窄行条播法。每个厢面播种 4 条，行距 30 厘米，边距 15 厘米。播种时按行距沿厢向开沟，沟深 2～3 厘米，然后将种子播于沟内并立即覆土至厢面平。然后轻轻压实再盖上一层细沙或稻草，以防水分过度蒸发。播种后要注意保持厢面湿润，也防止积水。

砧木出苗后，要及时进行松土并除去过密过弱小和白化苗，保持株距在 10～12 厘米。苗期要加强肥水管理，在幼苗嫩茎木质化前控制水分，待砧苗长出 4～6 片真叶后开始浇水。嫩茎木质化后，每月追施 1 次薄的速效氮肥。进入缓苗期后，控制肥水。

深秋落叶后将砧苗分株移栽。移栽时，根据高矮、粗细分级，同时剪掉部分主根，以便移栽。移栽的砧苗株行距按（15～20）厘米×（30～40）厘米。移栽后浇足定根水，并注意土壤保墒，摘心追肥，并加强病虫害防治，以促进砧苗加粗生长。

樱桃砧木种子适宜的采收时间等相关参数如表4－1所示。

表4－1　樱桃砧木种子适宜采收期及相关参数表

砧木种类	适宜采收期	每千克粒数（万粒）	果实出种率（%）	每亩播种量（千克）	每亩嫁接成苗数（万株）
山樱桃	5月中旬	1.0~1.4	10~15	3~4	0.8~1.0
中国樱桃	5月上中旬	0.8~1.1	10左右	3.5~5	0.8~1.0
酸樱桃	5月下旬	0.5~0.6	—	5~7.5	0.8~1.0
马哈利樱桃	5月下旬	1.2~1.5	25左右	1.5~2.5	0.8~1.0

2. 扦插繁殖

扦插繁殖时，除组织培养外，商业生产中使用较多、繁殖效率高的是无性繁殖方法，这种方式生产的砧木苗没有遗传性的变异，个体间整齐一致，但一般没有主根。扦插方法按扦插材料分为枝插和根插两种，枝插又分为硬枝扦插和绿枝扦插。扦插方式可采用畦插和垄插。疏松平整的土壤一般用平畦扦插，黏重土壤可用高垄扦插。

茎段扦插后能否发根、发根多少及快慢是扦插苗成活的关键。影响扦插苗成活的因素与砧木特性、插段积累营养物质的多少、生长调节物质有关，还与插段的枝龄和母体树的树龄大小有关。此外，插床的温度、光照、水分、氧气、基质酸碱度等均对插段成活有影响。

（1）绿枝扦插　樱桃绿枝插条蒸腾量很大，插条剪口分泌的黏液还会进一步阻碍插条木质部的水分运输，从而加剧插条的水分胁迫。所以，保持扦插环境弱光照和高湿度的条件是樱桃绿枝扦插成败的关键。樱桃绿枝扦插一般要求光照控制在自然光照的 30% ~ 70%，湿度控制在70% ~ 90%。

在遮阴棚内建设苗床，苗床宽 0.8 ~ 1.2 米，底部铺 15厘米左右的粗沙石，上部填满河沙，厚 20 ~ 30 厘米。苗床上方 40 ~ 50 厘米高度处安装迷雾或喷雾设备。为了更好地保湿，苗床上可以加扣塑料薄膜。

扦插在 6 ~ 9 月份均可进行，由于不同砧木绿枝扦插适宜的木质化程度有别，最适宜的绿枝扦插时间也不尽相同。一般中国樱桃、考特、吉塞拉等适宜当新梢半木质化时扦插成活率较高，可以于 6 月底到 8 月中旬分批次进行。

插条剪成 15 ~ 20 厘米长，仅保留上端 1 ~ 2 个 1/3 叶片或 1 个完整叶片，下部叶片连同叶柄去掉。插条上端剪成平口，下端斜剪，剪口要求平整。剪好的插条可随时扦插，或立即将基部浸入清水中遮阴待用。扦插前插穗基部用 IBA或 ABT 生根粉 1 号制剂浸泡，可显著提高插条生根率并大幅度缩短生根时间，扦插密度为行株距（10 ~ 15）厘米 ×（5 ~ 10）厘米。扦插时，先用竹签或木棍打孔，直插或斜插均可，把绿枝插入孔内，深度 5 厘米左右。叶片不能接触地面，并保持叶面的清洁。

扦插后白天要持续喷雾保湿，喷雾用水要事先进行晾晒，使水温和苗床土温相近。中午温度过高时打开塑料膜通风，但不能停止喷雾，晚间可以关闭喷雾设备，盖严塑料膜保湿。插后15天左右插条开始生根，15~20天后，逐渐减少喷雾次数。扦插成活后，移栽到沙土中，沙土比例为3:1，并进行喷雾和遮阴。樱桃绿枝插条生根缓慢，砧木当年生长量很小，扦插成活的砧木幼苗当年直接大田移栽成活率不高，可以于第二年春天再移栽。

可以直接在塑料营养钵中扦插，基质以河沙为主，插后将营养钵码入苗床生根，生根苗于荫棚中养护，冬季直接覆盖越冬。

绿枝扦插一定要精心管理，如喷雾、降温、遮阴等，稍微忽视即可导致扦插失败。

（2）硬枝扦插　硬枝扦插所用的插条获得容易，插条贮备养分充足，操作比绿枝扦插简单，对插床的温湿度条件要求相对较低。但硬枝扦插的成败与砧木种类关系很大。马扎德、马哈利砧木硬枝扦插成活率很低，一般不用这种方法。利用中国樱桃、考特砧木进行硬枝扦插繁殖相对容易，生产中使用较多。

扦插用的枝条最好采自无病健壮的母株上，以树冠外围一年生、粗度在0.5厘米以上的枝条为宜。国外常将母株按（2~3）米×（0.3~1）米的行株距种植，专门用以生产插条。插条按每50~100枝一捆，冬季埋藏，湿沙藏、窖内埋藏或室外沟藏均可。

扦插前将插条剪成10~15厘米长、基部斜剪、顶部平剪。剪好的插条基部浸沾生根剂，插穗基部用 50 毫克/升的 IBA 或 ABT 生根粉 1 号制剂浸泡 12 小时再扦插，可显著提高插条生根率，并大幅度缩短生根时间。扦插时，无论畦插或者垄插都要先开沟，沟深约 10 厘米，行距 30 厘米，株距 8～10 厘米。插条斜插入土中，与地面保持 30°左右。培土厚度与接穗上口平齐或高过 1～2 厘米，以利保水并防止抽条。插条插入后埋土前，要充分灌水。插后 10～15 天当芽萌动时再灌一次大水。以后则根据土壤墒情和降雨情况半月左右浇一次水，每次浇水后要立即进行中耕保墒。当新梢长到 20 厘米左右时，结合灌水每亩追施 5～7 千克尿素或 1 000 千克人粪尿以促进幼苗生长。在雨季来临之前，要及时延苗行起垄培土，培土厚度以能埋住新梢颈部为宜，以促进扦插苗分枝生根。入夏以后，加粗生长增强时要追施一次速效性氮、磷肥，促进砧木苗加粗生长，增加当年能够达到嫁接粗度的砧木苗数量。当部分砧木苗木粗度达 0.6～0.7 厘米时，即可进行芽接。

（3）根插

①苗床准备：选用保温性能较好的日光温室。在温室里整好苗床，苗床宽 1.2～1.5 米，以方便操作为准，苗床长度不限。插根前温室里备好相对持水量为 80%～90%的细土，装入直径为 8～10 厘米的塑料营养钵中，排放于苗床上备用。

②根插：扦插所用的根来自苗木组织培养繁殖的 1～4 代的优选苗木，把这些苗木于初冬挖出来，剪下苗木所有的根，把根剪成插段，插于备好的营养钵中。插后喷洒少

许的水，之后覆盖塑料膜保湿催芽。插后约半个月，插段上陆续分化出芽，一个月之后苗基本出齐。

插根之后，温室内通过盖草帘来保温。在晴天，当棚内温度达到30℃以上时，通过通风和遮阴降低棚内温度。土壤相对湿度保持在70%左右。当芽已出齐，即可揭去苗床的塑料薄膜。

育苗期间要注意病害的防治，当发现霉菌生长素时，可喷施托布津和多菌灵等药剂加以防治。小苗经一个冬天的生长，到4月中旬即可长到8～20厘米高，并且有良好的根系。当气温已稳定在日平均气温14℃以上，且小苗高度普遍已达到8～15厘米时，茎基部已开始木质化，此时小苗即可移栽于苗圃。苗圃用地选排水方便、有灌溉条件、较肥沃的土壤，且不曾种过果树的地块。在施足底肥的基础上，翻耕、整平、整细。每80厘米宽起一小垄，垄高约10厘米。垄脊较平，每垄种两行，两行相距约20厘米，株距20厘米。栽后马上浇水，以提高移栽成活率和缩短苗的时间。移栽后注意保持土壤的湿度，防止干旱引起死苗和停止生长。在大雨天则要排除圃地积水。移栽后长出新叶则表明移栽成活，这时可追施尿素10千克/亩，施后结合浇水，加快小苗生长。在6～7月还应根据小苗的生长情况，再追施1～2次化肥，可选用磷酸二铵和尿素，每次15～20千克/亩，促进小苗加粗生长，保证小苗的根茎处到8月底达到0.8厘米以上，以便嫁接。

3. 压条繁殖

压条育苗，常采用堆土压条、水平压条和埋干压条3

种方法。堆土压条法,与分株育苗相近似。这里,只介绍水平压条和埋干压条两种方法。

(1) 水平压条 多在7~8月份雨季进行。压条时,将靠近地面的、具有多个侧枝的二年生萌条,水平横压于圃地的浅沟内,然后覆土。覆土厚度,以使侧枝露出地面为度。翌年春季,将生有根系的压条分段剪开,移栽后,供嫁接用。水平压条见图4-1。

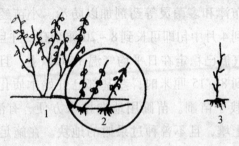

图4-1 水平压条法

注:1. 砧苗;2. 固定下的压条;3. 剪下的砧苗

(2) 埋干压条 选用生长健壮、枝条充实的无病植株,春季在已经整好的圃地内按50厘米行距,开一个深15~20厘米的沟,将砧苗顺沟约30°倾斜栽植,根部覆土后并踏实,灌足底水。砧苗成活后,萌发大量萌条。将苗茎顺沟用竹棍等物将其压倒,其上覆土厚2厘米,当萌条生长到高10~15厘米时,在其基部培土,促使生根,整个生长季随着萌条的不断长高逐步培土,由原先的垄沟逐渐变成垄背。秋季落叶后,将苗木刨起,按株分段剪开即可,或第2年就地嫁接,待嫁接苗出圃后再按株分段剪开即可。采用这种方法,一般每株埋干苗,可繁殖砧苗5~10株。埋干压条见图4-2。

4. 分株繁殖

分株繁殖多应用于中国樱桃和酸樱桃等根蘖性较强的甜樱桃砧木繁育。分株用的"母苗"，可由草樱桃大树的根蘖上采集，也可由不够嫁接粗度的压条苗获得。只要是带根的

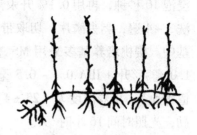

图4-2　埋干压条

（哪怕是只有极短小的少量根），就可供分株育苗之用。分株育苗的基本方法是，春季将分蘖苗由分根处劈下，按10~15厘米株距、60~70厘米行距栽植。栽后，留15厘米高剪断，随后灌大水"坐苗"。其后的管理措施，如灌水、中耕、培土和施肥等，均与扦插育苗相同。分株育苗繁殖系数较高，一般每株母苗当年可分生6~7株砧苗，少数2~3株，对达到芽接粗度的，可在8~9月份进行芽接，生产半成品苗。当年不足芽接粗度的，翌春可再分株移栽，继续繁殖砧苗。分株苗分根以下的母苗部分，春季可行劈接。分株繁殖见图4-3。

5. 组织培养繁殖

用组织培养方法繁育樱桃苗，不仅繁殖速度快，还可以使苗木不带病毒，生长健壮，在保持优良砧木及品种特性、进行工厂化育苗方面具有重要意义。其方法步骤如下。

（1）外植体接种与消毒　取田间当年生新梢或一年生

枝蔓，去叶，剪成一芽一段，将表面刷洗干净，在自来水下冲洗20~30分钟；然后，在超净工作台上先用75%酒精浸泡10秒钟，再用0.1%升汞消毒10~12分钟，无菌水冲洗3~4遍；剥去鳞片，切取带数个叶原基的茎尖接入培养基中。樱桃培养基多采用MS基本培养基，附加BA 0.5~1.0毫克/升 + IBA 0.1~0.5毫克/升，蔗糖30克/升，pH值为5.8；培养温度为（25±4）℃，光照强度2 000~2 500勒，光照时间16小时/天。

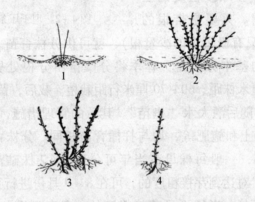

图4-3 分株繁殖

注：1. 春季栽植；2. 夏季培土生根；3. 刨取已生根砧苗；4. 分株砧苗

（2）继代培养 上述接入的材料培养1~2个月后，分化出的芽团可长到2~3厘米，这时可以转入新的培养基中进行增殖培养。其后，大约每25天进行一次继代培养，每次的增殖系数为3~4。

（3）生根 继代培养的芽长至3~4厘米时，可以进行生根培养。生根培养基为1/2MS + IBA 0.2~0.5毫克/升。有的砧木或品种需加生物素或IAA或NAA等。接种在生根培养基上培养20天左右，芽的基部即可长出3～4条根。生根苗长至3～5厘米高时即可炼苗移栽。

（4）移栽　组培苗在人工培养条件下长期生长，对自然环境的适应性差。移栽前需要一个过渡过程，即需要炼苗。炼苗方法为：经培养瓶移至自然光照下锻炼2～3天，打开瓶口再锻炼2～3天后移栽。移栽时先洗净根部的培养基，避免培养基感染杂菌致苗死亡。移栽方法及灌水、遮阴管理同实生苗移栽。但注意组培苗比较娇嫩，需轻盈操作。

三、苗木嫁接技术

甜樱桃的嫁接方法主要有芽接和枝接两类方法。嫁接时期有3次，即春季、6月末、秋季，分别适用于不同的地区和不同的繁育体系。春季嫁接宜在树液流动以后砧木顶芽芽尖露白时进行，若有冷藏条件可以贮存接穗的情况下，可适当晚接，成活率更高，一般在4月初至4月末，落叶后出圃。6月末嫁接是用于繁殖速成苗（或叫"三当苗"），即砧木苗是当年播种的实生苗或当年的压条苗，当年嫁接，当年落叶后出圃，这类苗木生育时间短，枝条成熟度差，定植后成活率低。秋季8月末到9月中旬嫁接繁殖的樱桃苗通常在田间越冬，第二年生长一年，落叶后出圃。上述时期嫁接的苗木均采用带木质部芽接。甜樱桃枝接常用于大树的高接换头、修复枝冠、恢复树势等。与芽接相比，枝接需要较多的接穗，操作不易掌握，要求砧木有一定粗度，故应用不如芽接广泛。目前，常见的枝接方法有劈接、切接、皮下接等。

1. 带木质芽接

甜樱桃芽接多采用带木质芽接法，这种方法无论砧木或接穗是否离皮，都可以嫁接，且嫁接成活率高。带木质芽接法要求接穗的芽位处应带有少量木质部，这是因为甜樱桃韧皮部发达，芽眼突出，皮层薄，采用常规的丁字形芽接在削接穗时容易造成接芽内部空心。具体做法是：取生长充实的新梢或当年生枝条，去掉叶片后用嫁接刀在接芽上方 1.5~2 厘米处，约 30°向下深削达木质部，再顺势向下平削到接芽下方 2 厘米处，然后在接芽下方 1.5 厘米处约 60°向下深削一刀，深达木质部，然后取下近似长方形的芽块。选粗度与接穗相似的砧木苗，在砧木苗距地面 5~10 厘米处选平滑部位，先横斜一刀，再自上而下地延 30°向下深削达木质部达下部横切口，长度及大小与接穗芽片相等或略大于芽片，将削好的接穗的芽块插入到砧木苗削接口内使芽块与接口吻合。然后，用塑料条或地膜条绑严包紧，仅露出芽和叶柄（图 4-4）。

2. 劈接

（1）切砧木　通常将砧木在光滑无节疤处剪断或锯断，用刀削平锯剪口后，再把劈刀放在砧木中心，轻轻捶打刀背，切入砧木 3~4 厘米。注意剪锯砧木时，至少要保证在剪锯口下 5~6 厘米内无节疤，留下的树桩表皮光滑，纹理通直，否则劈纹扭曲，嫁接不易成活。

（2）削接穗　将接穗剪成 8~10 厘米长、留 2~3 芽的枝段，在距下芽3厘米处两侧削成一个对称的楔形削面，削面长2~3厘米，要求削面平直光滑，并保持接穗的一侧稍厚于另一侧。只有这样，接穗与砧木才能接合紧密，成活良好。

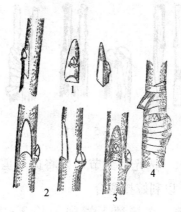

图4-4 带木质芽接

注：1. 接芽；2. 砧木；3. 嵌入接芽；4. 接后绑缚

（3）接合 撬开砧木劈口，将接穗轻轻插入，使接穗厚侧在外，薄侧在内，注意使接穗和砧木的形成层至少一侧对齐，并且要使削面上端外漏0.5厘米左右。较粗的砧木可以插两个接穗。最后将切口和劈缝用塑料条包严，包扎时不要碰动接穗。

为保证成活，可在接穗绑牢后，选大小适宜的塑料袋将接穗、接口全部套住，袋顶与接穗顶端相距3厘米，然后扎紧袋口，以保持接口的湿度和温度，促进愈伤组织形成和嫁接成活。当接穗萌发、新梢顶到塑料袋时，可以割破袋顶，使新梢继续生长（图4-5）。

3. 插皮接（皮下接）

插皮接是枝接中应用最广泛的一种方法，操作简便、迅速，容易掌握。

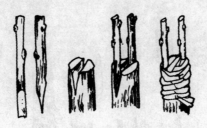

图4-5 劈接

（1）切砧木　选光滑无节疤处将砧木剪断或锯断，并削平切面边缘，以利嫁接愈合。

（2）削接穗　在接穗下端削一长3~5厘米的长削面，对面削一短削面，使下端成一楔形，留2~4芽剪断接穗，顶芽留在长削面的对面。砧木的粗度决定接穗楔形的尖削程度，一般砧木较粗时，楔形面越长，尖度越大，以免接穗插入砧木后引起皮层与木质部间的过大分离和绑扎不严。

（3）接合　在砧木切口边缘选一皮层光滑处划一个2~3厘米长的纵切口，深达木质部，将树皮向两边轻轻挑起，把接穗对准皮层切口中央，长削面对着木质部，在砧木皮层与木质部之间插入，露白0.5厘米左右，以利于愈合。每个砧木插接穗数依砧木粗度而定，粗的多接，细的少接。插好后绑缚（图4-6）。

甜樱桃在嫁接期间不宜灌水，也要避开雨季，以免流胶严重而影响接口愈合。如果春季干旱，可于嫁接前 3～5 天灌足一次透水即可，嫁接后 2 周后不再灌水。

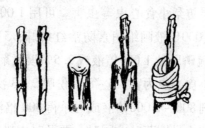

图 4－6　插皮接

四、嫁接苗的管理、苗木出圃与假植

1. 嫁接苗的管理

①适时解膜：嫁接后半月左右检查接芽是否成活，如果接芽新鲜，有所膨大，表明已成活。对未成活的应及时补接，成活的接芽一般 25～30 天即可解膜，以免影响接芽萌发。

②剪砧除萌：嫁接成活后要连续 3～4 次及时抹除砧木上的萌芽，以促使接芽萌发生长。当新梢生长到 15～20 厘米时，应在苗木旁插一支柱，将新梢绑缚固定在支柱上，以防风吹折断新梢。9 月中下旬苗高 1.2 米以上时摘心，促使苗干充实。

③肥水管理：为了促进苗木生长，要注意加强肥水管理。根据旱情及苗木生长情况及时浇水、追肥，可“一梢两肥”，少施薄施。前期以氮肥为主，后期以磷、钾肥为主。发现苗木生长缓慢时可喷 1 次 50 毫克/升的赤霉素。每次追肥后都应浇水，并经常中耕除草。后期要适当控水、

控肥，以免苗木徒长，造成组织不充实而抽条。

④病虫草害防治：苗木生长期间，要搞好病虫防治。萌发后，要严防梨小食心虫等虫害。可用1 000倍液吡虫啉防治蚜虫、2 000倍液阿维菌素防治红蜘蛛；5~7月份可选用50%杀螟硫磷乳油1 000倍液或2.5%溴氰菊酯乳油2 500倍液防治梨小食心虫为害。6~8月份喷2~3次70%代森锰锌可湿性粉剂800~1 000倍液或可杀得800倍液，防控细菌性穿孔病，防止早期落叶。同时，要及时中耕除草。

2. 苗木出圃与假植

苗木出圃是育苗工作的最后一环。樱桃苗木一般在落叶后、土壤封冻前起苗出圃。起苗前3~5天先灌一次水，起苗时，要尽量深刨，以确保根系完整，严防生拉硬拽劈裂大根。

起苗以后，根据苗木的大小和质量的好坏，对苗木进行分级。苗木质量的好坏，直接影响栽植成活率和植株生长势。对于有严重病虫害的苗木和损伤严重的苗木，要予以剔除。对不合格的细弱苗木，要留在苗圃内再培养一年。

樱桃苗木的质量，与其他果树苗木的质量一样，必须品种纯正，砧木类型正确，地上部枝条健壮，芽充实，具有一定的高度（80厘米以上）和粗度（基部0.8厘米以上）；根系发达，须根多，断根少；无严重病虫害和机械损伤；嫁接部位愈合良好。

根据苗木质量分级以后，若在当地秋季定植，可直接栽植；若春季定植或出售的苗木，则在苗木起出后必须进行假植，以确保植株少失水、新鲜。假植苗木时，可在假植地点，选背风向阳处开假植沟，沟深1米，长度及宽度可依苗木数量的多少及场地情况而定。将苗木摆开，不许重叠，尤其是根部，斜放在沟内，用细湿土将苗木全部埋上。埋苗时，沟内不留空隙，特别应注意根与土密接，以防止抽干树体，确保安全越冬。假植沟内埋苗时，不要灌水，以免湿度过大烂根。翌春土壤解冻后及时撤土倒窖，覆土深度减半或及时栽植。

外运苗木一定要注意包装。同品种、同等级的苗木，每50株1捆，用草包或蒲包包好，拴上标签，著名产地、品种、规格和数量，以防品种混乱。

值得关注的一个问题是，近年来，不少育苗单位或育苗户为了抢时间，让苗木早出圃、早见效，培育"三当苗"（即当年播种砧木种子，当年嫁接，当年出圃的苗）。包括樱桃苗在内的果树苗木，都存在着这个问题，在销售上，这类苗木价格也比较便宜。这种快速培育的苗木，其质量绝对达不到正常两年出圃苗木的质量。而且这几年，一些用户栽植樱桃"三当苗"后出现很多问题，如栽植成活率低，有时甚至低于50%，生长势缓慢，进入结果期晚，果农深受其害。目前，已有很多栽培者意识到这个问题。另外，栽植细弱的二级苗及等外苗同样存在着生长势缓慢、植株长势不整齐、进入结果期晚等问题。因此，栽种优质苗木是获得早期结果、长期丰产的基础，只有健壮的苗木，才能保证栽植成活率高、生长快、结果好。在这里，我们强调樱桃育苗要两年出圃，栽植者也应栽植两年出圃的壮苗和优质苗，尽量不栽"三当苗"。

五、幼树培育

甜樱桃幼树进入结果期较晚，一般3年结果，5年进入丰产期，如果选用苗木直接定植到温室中，必须经过至少3~5年的幼树培育期，从而大大影响了温室的利用率及效益。所以，从事温室生产必须准备四年生以上树龄的结果幼树。可选择下列几种方式进行。

1. 在露地栽培可以安全越冬的地区，可以直接将幼苗栽植在预建保护地内，待有五年生树龄且已形成一定数量花芽时，再建棚生产。

2. 还可以采用室外袋装育苗法培育结果幼树，即另选地点，将幼苗栽植在预先准备好的无纺布袋子内，袋子大小为50平方厘米，按2米×3米株行距连同无纺布袋子一同栽植到田间，待有五年生树龄且已形成一定数量花芽时，将幼树起出移入已建好的保护地内进行生产。

上述两种方法的优点是栽培品种预先选定，按照自己设定好的树形进行整形修剪及合理利用化控技术，及早成形成花，不用缓苗即可生产见效，但培育时间较长。

为了抢占市场，早期实现保护地生产，可以外引或外购4~6年生的大树直接移栽到保护地内，移栽树经过一个生长季的缓苗与培育，第二年即可进行生产，并能取得很好的经济效益。大树移栽是南苗北移，迅速投入生产的一条有效途径。

第五章 甜樱桃园标准化建设

一、园址选择与规划

1. 园址选择

甜樱桃与其他果树相比，对生态条件的要求较高。甜樱桃抗寒力差，不耐瘠薄，即不抗涝又怕干旱，易受大风危害，花期易受冻，喜光性强。因此，应选择土壤比较肥沃、土层较深厚、中性或微酸性壤土及沙壤土，地下水位低、排水良好、不积晚霜、风害轻，并有排水和灌溉条件、交通方便的地方建园。高原山区要选择阳坡、日照好、土壤有机质含量高、土层深厚、冰雹霜冻风灾少的土地建园。甜樱桃适宜种植于平坦的山地、丘陵和平原不易积水的地区，低洼地易受低温、积水等危害，不宜种植。

2. 园地规划

园地规划，就是在选定的园地上对栽植区、排灌系统、作业道路以及积肥场地等，进行统一划分和安排部署，经济合理地利用土地，充分发挥各种设施的作用。尤其是建立较大面积的樱桃园，实行规模经营时，更要做好规划设计。樱桃园的规划主要考虑以下几个方面。

（1）营造防风林　在冬、春季风较大，夏、秋季风较多的地建园时，一定要营造好防风林，以稳定气流，降低风速，减轻霜害，防止树体偏冠。防风林的树种要选用乔木和灌木两类，实行"上乔下灌，乔灌结合"。防风林的主林带要与当地主要风害的方向基本垂直。

（2）划分栽植区　根据地形地貌和土地面积划分栽植小区，规划好水网、路网，以方便生产管理。

（3）设置道路　根据全园情况设置一至几条道路，主要是供运输车辆通行之用，根据栽植小区设置多条小路和作业道。

（4）设置排灌系统　规模化、集约化经营的樱桃园应采用滴灌、微喷等现代化灌溉方式，既可节约用水，又可为樱桃树生长创造一个适宜的土壤环境。灌溉系统包括水源、动力、管道等部分。黏重土壤上建园除进行适当的土壤改良外，还要注意在果园内挖排水沟，排水沟深度应在50厘米左右，纵横交错。

（5）附属设施的设置　附属设施一般包括房舍、药池及喷药体系、积肥场、选果场、贮藏库等。

二、保护地栽培设施

甜樱桃保护地栽培成功与否，效益的高低，除了栽培品种、栽培技术起着决定性作用外，栽培设施是否合理同样起着至关重要的作用。因为栽培设施结构是否合理，将直接影响其升温的时间、保温效果以及采光的性能，进而影响树体生长发育和果品的产量、质量。因此，设施类型的选择和建造质量是保护地栽培甜樱桃是否成功的关键环节。由于设施是长久性建筑且投资大，所以，设施类型的选择与建造应从长远考虑，要认真规划和合理选择设施场地。设施建造应遵循以下原则。

①设施场地应开阔，东、西、南三面无高大树木或建筑物遮挡。

②地下水位低，土壤疏松肥沃，无盐渍化，有灌溉条件且排水良好。

③交通便利，最好在公路干线附近，以利于产品运销。但不宜过分靠近道路，以减少尾气和尘土污染。还要避免在厂矿附近建造，以防尘埃和有害气体污染。

目前，甜樱桃保护地栽培的设施类型主要有日光温室和塑料大棚两种。此两种类型主要是以促早熟为目的的栽培设施。除此以外，还有避雨、防鸟的设施栽培等，这种类型虽然也属保护地设施栽培范畴，但其目的是以防雨、防鸟害等为主的栽培方式。本书重点介绍前两种。

1. 日光温室

在保护地栽培中，把具有东、西、北三面为立墙，南面为斜坡面或半拱形的采光面，且覆盖塑料薄膜的温室统称为日光温室。这种温室保温性能好，适于甜樱桃栽培。

（1）日光温室的性能

①光照：日光温室的热源是太阳能，其光照度取决于室外自然光的强度，强度大小随地理纬度和天气条件的变化而变化，室内光照度与室外同步变化。另外光照度也取

决于塑料薄膜的透光性能。温室内的光照从前往后依次减弱，后坡面室内光照最弱。温室的东西两侧山墙附近，在午前和午后，由于山墙遮阴，所以光照强度较弱。在垂直方向上，光照强度从上至下递减。若在薄膜内侧附近，相对光强度只有80%时，那么距地面0.5~1米高度，相对光照强度只有60%左右。同样的道理，地面相对光照强度更小。

②温度：由于日光温室的温度来源于太阳辐射，因此，日光温室内温度高低与光照有直接关系。晴天光照强，室内温度高；夜间和阴天温度较低。不加温温室，冬季、早春室内外温差多在15℃以上，有时高达30℃以上。日光温室内最低气温出现在揭帘之前。刚揭完草帘时，室内气温会略下降，但很快又回升。晴天上午不通风时，每小时可上升5~6℃。下午13：00左右气温最高，然后逐渐下降，直至覆盖草帘。但覆盖草帘后，气温又会回升1~2℃，而后夜间气温还会缓慢下降，一般下降3~8℃。日光温室内各部位温度的水平分布也有差异。白天南高北低，夜间北高南低。上午靠近东山墙部位气温较低，西山墙较高；下午近西山墙部位气温较低，东山墙较高。近门部位温度较低。室内的地温，中部最高，前底脚处最低，山墙底根处和近门处较低。

③湿度：影响日光温室内湿度的主要因素是土壤水分和棚膜冰霜。土壤水分主要来源于灌溉，因此，灌水后土壤湿度最大，温室内的湿度也就最大。揭帘后，外界温度低、光照不足时，棚膜结霜或棚内有雾，此时湿度最大。

温度低时，由于树体蒸腾和地面蒸发量较小，相对湿度大于温度高时。夜间湿度大于白天，阴天湿度大于晴天。每天揭开草帘时的空气相对湿度最高，通风后湿度随温度升高而逐渐下降，至下午 14：00 以后，随温度的下降又开始升高。日光温室内，白天空气相对湿度多在 20% ~ 60%，夜间多在 80% 以上。

（2）日光温室设计

①温室方位：温室方位即温室屋脊的走向。采用坐北向南（真子午线方向）、东西走向。各地可根据本地方位向东或向西偏 5° 左右。冬季气温高的地区，或有加温设备的温室，可向东偏 5°，以充分利用上午阳光。但在北方寒冬地区，由于上午气温低，不能过早揭开草帘，因此要偏西 3° ~ 5°，以延长下午温室内光照时间。

②温室跨度与矢高：温室跨度是指温室南地角距北墙内侧之间的距离。甜樱桃日光温室跨度一般为 7.5 ~ 9.5 米。矢高是指屋脊距地面的垂直高度，一般为 3 ~ 5 米。其矢高与跨度的比值为 0.4 ~ 0.5，有利于采光和揭、盖草帘。

③温室长度与面积：温室长度一般为 60 ~ 100 米，面积为 450 ~ 800 平方米为宜。

④温室前、后屋面角：前屋面角是指前屋面与地平面的夹角；后屋面角是指后屋面地平面的夹角，又称屋面仰角。前、后屋面角度大小将直接影响温室采光效果。前屋面角的大小应以有利于温室采光，以及前部樱桃树的生长和方便卷帘作业为前提，一般以 50° ~ 70° 为宜；后屋面角应比冬至太阳高度角大 7° ~ 8°，西南地区一般为 38° ~ 45°，

以使温室内充满直射阳光。各地区在应用时，可视具体情况而定。

⑤温室墙体与后坡：温室墙体一般是土墙或砖墙。砖墙材料常见的黏土砖外，还包括石块、空心砖、灰砂砖、矿渣砖和泡沫混凝土砖等。温室墙体厚度，因各地气候条件不同而存在差异。北纬35°左右地区，墙体厚度以0.5～0.6米为宜；北纬40°以北地区，墙体厚度以0.8～1米为宜。墙体常砌成空心，内填炉渣、锯末、珍珠岩或聚苯板等保温材料，以增加保温效果。后墙高度视矢高而定。如矢高为3米左右时，后墙高度为2～2.5米；当矢高为3.5～5米时，后墙高度为2.5～4米。温室的后坡，一般选用短后坡，目的主要是扩大采光面，提高土地利用率。但在北纬40°以北地区，后坡面不宜太短，因为该种温室白天升温快，夜间降温也快，因此，后坡水平投影宽度应不少于1.5米；北纬40°以南地区可适当减少。

⑥温室覆盖：日光温室覆盖物，主要有棚膜、草帘、棉被和纸被等。前屋面上覆盖的塑料薄膜，一般称棚膜，是专门用于温室栽培的。棚膜的种类有聚乙烯和聚氯乙烯两种。聚乙烯棚膜有聚乙烯无滴长寿膜、聚乙烯多功能膜、聚乙烯无滴调光膜及漫反射膜等。聚氯乙烯多为聚氯乙烯无滴防雾膜，抗风能力弱，可在无风灾地区使用。聚乙烯膜抗风能力强，冬、春两季风大地区常用此膜。两种棚膜的厚度一般为0.09～0.12毫米。风大地区应选用0.12毫米棚膜，风小地区可选用0.1～0.11毫米棚膜。

棚膜外面的覆盖材料是草帘、棉被或纸被等。草帘一般宽 1.2~1.5 米，长度应根据温室跨度而定，一般为 9~12 米，厚度 5~8 厘米，覆盖 2 层。另外在寒冷地区，草帘下加盖纸被，有良好的保温效果。纸被是用 4~5 层旧水泥袋纸或牛皮纸缝合而成。棉被一般用废旧化纤制成，厚度为 6~8 厘米，覆盖 1 层。

温室后面屋面的覆盖材料以保温性强、压力轻为主。下层一般用木板、竹帘等，其上覆两层苯板后再压 20 厘米厚的草泥。如果不覆盖苯板，可覆盖草帘、玉米秆等。如在中间铺一层塑料，保温效果会更好。

⑦温室间距：建造日光温室群时，前排温室与后排温室之间的距离以冬至前后不遮光为准，一般前后排温室间距为矢高的 2~3 倍；左右并排温室间隔一般为 4~6 米。

（3）日光温室的结构及建造　设施结构的选择，主要依据太阳辐射的强度、光照时间、气候条件及经济实力而定。我国地域辽阔，不同气候形成不同风格温室类型。一斜一立式温室虽然造价低，建造容易，但立柱较多，不但影响光照和作业，而且棚膜也不易压紧，生产中已逐渐被淘汰，因此，现在主要介绍以下几种较先进实用的日光温室。

①钢架结构拱圆式日光温室（鞍Ⅱ型日光温室）：鞍山市园艺研究所设计的一种无柱结构的日光温室。跨度 6~7 米，矢高 2.8~3.2 米。后墙及山墙为砖砌空心墙，内填保温材料，厚 12 厘米。内墙高 2 米左右，外墙比内墙高出 0.6 米（称女儿墙）。前屋面为钢结构的一体化半圆拱架。拱架由上、下双弦及其内焊接的拉花构成。上弦为直径

40~60毫米钢管，下弦为直径10~12毫米圆钢，拉花为直径8毫米圆钢。拱架间距为0.8~1米。拉筋为直径14毫米的圆钢，东西向3~4根，10米以上跨度的为5根。拉筋焊接在拱架的下弦上，两头焊接在东西山墙的预埋件上。后坡宽1.5~1.8米，仰角35.5°。其钢拱架的上、下弦延长与后坡斜面宽度相等并下弯，架在后墙的内墙上。从上弦面起向上搭木板或竹片，屋脊与后墙间铺盖作物秸秆和泥土的复合后坡。前屋面钢拱架的下、中、上部三段弧面，与地面形成的前屋角分别为60°~40°、40°~30°、20°~30°（图5-1）。

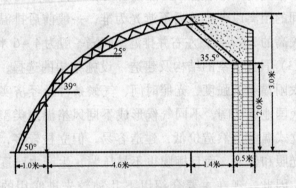

图5-1　钢架结构拱圆式温室

目前，生产上应用的甜樱桃日光温室大多选择大跨度和高举架的结构。一般跨度为8~9米，矢高以3.5~4.5米为宜。但跨度越大，覆盖物越长，会给管理带来许多不便。如果有机械化作业的果园，可加大跨度至12米（图5-2）。例如，普兰店市大农高效示范园区和黑龙江省大庆市龙凤区大农高效生态农业示范园区建造的日光温室，跨度为12

米，矢高 5.5～6 米，后坡宽 2.5～2.8 米，温室长 90 米。墙体为混凝土框架结构，墙厚 0.5 米。墙体和后屋面内夹双层苯板，厚约 8 厘米。

钢架结构拱圆式日光温室，不仅采光、保温性能好，棚膜宜压紧，不易被风损坏，而且空间大，无支柱，土地利用率高，方便作业。

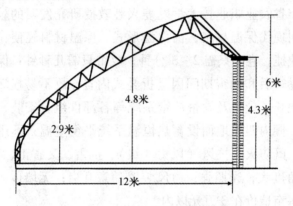

图 5-2　大跨度钢架拱圆式温室

②背连式日光温室：也称背棚，即在拱圆式日光温室的背面，利用其后墙体建造一个无后坡的拱圆式新型温室。此结构温室是辽宁省熊岳城地区的果农在生产实践中创造的。

这种新型温室前棚高、后棚矮，前、后棚共用一个墙体。后棚跨度为前期（南面棚）的 3/4 或 4/5，覆盖时间前、后棚相同，但揭帘时间前棚早、后棚晚。前棚栽植甜樱桃，后棚可栽植葡萄、蔬菜等矮棵植物。

此结构温室，前、后棚共用一个墙体，既节省建筑用料，又充分利用了温室后面的空闲地。后棚为前棚保温，加之后棚揭帘升温晚，外界温度较高，可以利用前棚上一年用过的旧棚膜和旧帘，降低了生产成本。这种新型温室由于具有上述优点，近年来，已在生产中逐步扩大应用，很值得推广。

③轻便型腔囊式日光温室：这种温室也称内保温棚，是辽宁省农业职业技术学院姜兴胜教授研究发明的。该温室采用现代保温材料，内保温形式。保温材料轻便，卷放自如快捷，卷帘只需2~3分钟，放帘只需几秒钟；保温材料在卷帘后和撤帘期间因呈折叠式内置，故不易损坏，使用年限长；骨架及卷帘放帘系统等各部件组合安装、拆卸方便；棚内四周地面设蓄热恒温系统平衡室温；不用草帘覆盖，既防火、抗风（风力8级）、抗雪、又省工、省力；屋面角度大，光照强；通风装置随意开启；无墙体，造价低，每亩造价在3万元以内。

该结构为钢筋骨架，矢高4.5米，跨度为10~13米，长60~100米，架间距为1.2米，可建成东西或南北朝向，可单栋也可连栋建造。东西向单跨型跨度为10米左右，南北向单跨度为13米左右，连栋型跨度随意设计。

该结构温室适合我国北方地区和风沙地区保护地水果、蔬菜、花卉、食用菌、畜禽、水产养殖的生产，尤其适合树体高大的甜樱桃保护地生产。随着保护地甜樱桃栽培区域不断向北扩展，这种轻便、内保温式新型温室，将很快得到推广应用。

2. 塑料大棚

棚面为全拱形或屋脊形，四周无墙体，棚面覆盖塑料薄膜，此种设施即称塑料大棚。塑料大棚有单栋式和连栋式两种。塑料大棚土地利用率高，但保温性能差，多在北纬40°以南地区应用，且以北纬35°左右地区应用最多。

（1）塑料大棚设计

①方位：南北向延长建造。南北向光照分布均匀，树体受光好，还有利于保温和抗风。东西向建造的生产上也有，多数是因地块限制。东西向大棚，由于棚内南北两侧光照差异大，棚内有弱光带，所以，最好是选南北走向。

②跨度：竹木结构和钢管构件的塑料大棚跨度，一般为8~20米。

③长度：一般为50~100米。

④高度：单体大棚的高度，竹木结构以3~3.5米为宜，连体钢架大棚的高度可达3.5~4.5米。大棚的肩高为1.2~1.5米。肩部过矮，不利于边行果树生长及管理；过高，又会降低大棚的矢高与跨度比值。

⑤通风：塑料大棚多采用2~3道扒缝通风，即中缝和两侧边缝。中缝在棚的中部最高位置，边缝在两侧肩部离地面1~1.2米高。连体自动化管理的塑料大棚，应安装自动或半自动通风装置。

（2）塑料大棚类型与建造 塑料大棚类型主要有竹木结构和钢架结构两种。当前生产上多采用钢架结构塑料大棚。

①无柱钢架塑料大棚：此类大棚应用也较普遍，可自行焊接建造，也有厂家配套生产。大棚跨度8～10米，长50～100米，矢高2.5～3米。普遍采用直径40～60毫米圆钢和直径12～16毫米的钢筋焊接成"人"字形花架当拱梁。上下弦之间距离，在顶部为40～50厘米，两侧为30厘米。上下弦之间用直径8～10毫米钢筋做拉花，把上下弦焊接成整体。为使整体牢固和拱架不变形，在纵向用4～6条直径为12～14毫米的钢筋做拉筋，焊接在拱架下弦上，钢架的两端固定在两侧的水泥墩上（图5－3）。此种大棚由于棚内无立柱，拱杆用材为钢筋，因此遮光少，透光好，便于操作，有利于机械作业，坚固耐用，使用时间可达10年以上，有的甚至长达20年，只是一次性投资大。

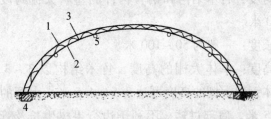

图5－3 无柱钢架塑料大棚

注：1. 上弦；2. 下弦；3. 拉花；4. 拱架基；5. 拉筋

②有柱钢架塑料大棚：此类大棚近几年在生产上应用很广，大棚跨度15～20米，长度60～100米，脊高3～4.5米。棚架焊接和固定与无柱钢架塑料大棚基本相同，只是在棚内近屋脊处，设两排立柱，排间距2米左右，柱间距3～4.5米。覆盖草帘的大棚，棚脊处覆盖木板做走台。此棚棚脊处还可安装卷帘机，将两侧草帘同时卷起。此类大

棚由于增设了立柱，使棚跨度大大增加，棚内利用空间加大。

三、品种选择的依据及品种配置

1. 授粉树的配置

目前生产上应用的甜樱桃品种中，除拉宾斯、斯坦勒等极少数的几个品种可以自花结实外，绝大多数品种均为自花不实或自花结实力很低，必须配置授粉树，以提高结实率。即使可以自花结实的品种，配置授粉树后，也可明显提高产量和果实品质。

在甜樱桃的栽培中，要首先确定合理的主栽品种，然后再配以花期相遇，授粉亲和性强，具有较高经济效益的授粉品种。由于甜樱桃果品价格一直比较高，生产上一般不配置纯粹的授粉树，多是几个优良品种混栽互为授粉。

（1）授粉树的配置数量 只有配置足量的授粉树，才能满足授粉、受精的需要。实践证明，授粉品种最低不能少于30%。

（2）授粉树配置的方式 平地甜樱桃园，主栽品种和授粉品种，隔行栽植为宜，即隔两行主栽品种，成行栽植一行授粉品种或几个品种间隔栽。对丘陵梯田的甜樱桃园，采用阶段式配置授粉树，即在行内每隔两株主栽品种，栽植一株授粉品种。

2. 品种选择的依据

近几年，甜樱桃的栽培面积在不断地扩大，百亩、千亩连片的樱桃园和樱桃村、樱桃乡（镇）发展很多，所以，在品种选择上应慎重，除了综合考虑授粉品种配置和选择大果、优质、丰产、抗逆性强的品种外，还要考虑早、中、晚熟品种的搭配，鲜食、加工、贮运品种的分类发展，以防止集中上市、相互排挤、好货售不出好价格，以及单一品种集中成熟，采收不及时造成损失的现象发生。有加工及贮运能力的地区，应大力发展黄色品种（如佳红、那翁）和硬肉品种（7144－6、雷尼、拉宾斯等）；面积较大的樱桃园栽植品种要多一些，面积较小的果园栽植品种不宜过多；近郊地区多发展鲜食品种以供观光采摘之需。防止对某一品种不经考正就一哄而上，最后上当受骗。另外，对砧木品种也应有所考虑。目前生产上应用的砧木分别存在不抗寒、不抗涝、不抗根头癌肿、易倒伏、小脚等现象，栽培时要多加注意，另外，还要针对不同地区、不同土壤肥水条件选购不同的砧木。目前，栽培上应用的品种不少，苗木经销商宣传推广的品种更多，有时一个品种会起多个名称，故笔者在此提醒广大栽培者不要盲目购苗，以免造成损失。

温室栽培品种结构应以早熟品种为主，红、黄色搭配。据大连市农业科学院品种比较和栽培试验结果表明，温室提早栽培品种应以红灯、明珠等为主栽品种，辅栽兼授粉品种有红艳、佳红、8－129、7144－6、红蜜等，这些品种不仅是授粉树，同时具备优良的栽培性状。主栽品种与授粉品种比例为（2~3）:1，每个温室中授粉品种不少于2个，而且主栽品种与授粉品种要搭配栽植。

四、苗木的选择与处理

合格的甜樱桃苗必须品种纯正，砧木类型正确，地上部枝条健壮，节间较短而均匀，芽眼饱满，不破皮掉芽，皮色光亮，具本品种典型色泽。具有一定的高度（80 厘米以上）和粗度（基部 0.8 厘米以上），俗称"双 8"；根系完整，须根发达，不劈、不裂、不失水，断根少；无严重病虫害和机械损伤，无水渍沤根现象；嫁接部位愈合良好。

目前，很多果农在认识上还存在着误区，即认为苗木太大，饱满芽集中在中上部，定干处芽瘪；认为中下部芽饱满的 50~60 厘米高的小苗栽后，加大肥水也能长好。事实上，选择苗木粗大、根系发达的优质大苗栽植，虽萌芽稍晚，但缓苗后，由于苗大、根好，萌发长枝多，长势旺。

栽植前一定要核对品种，并将苗木按大小分级，大的栽在一起，小的栽在一起。对于经过越冬假植或外地购入的苗子，栽前先用水浸泡 2~5 小时，苗木完全浸入水中比只浸根部效果要好，栽植成活率高。另外，不论是自育还是购入的苗木，栽植前要用 K84（也称根癌灵）调成糊状蘸根。

甜樱桃根系在起苗、贮运过程中会受到不同程度的损伤，且易风干失水，栽植后发新根慢、成活率低。对此，可用 50~100 毫克/升的 IBA（吲哚丁酸，人工合成的生长素，促进植物主根生长）溶液浸泡根系 6 小时再栽植，能显著促进发根，提高成活率。

五、栽植时期与密度

秋季栽植：甜樱桃落叶以后至土壤封冻前均可栽植，但应注意冬季防寒，以免出现冻害。秋季栽植成活率高。

春季栽植：一般在土壤解冻后至苗木发芽前进行，宜早不宜晚。定植后树盘覆膜 1~2 米/株提高地温，促进根系生长、减少水分蒸发。

樱桃怕涝，地下水位高、黏重土壤及平地果园最好起垄栽植。根据预定的株行距，用行间表土和有机肥混匀后起垄，垄高 30~40 厘米，垄顶宽约 40 厘米，垄底宽约 1 米，将樱桃按栽植要求栽在垄上。这样有利于在春季提高地温、促进生长，夏季防止雨水积涝及传播病害。

栽植密度：矮化密植园以 2 米×4 米为宜，每亩栽植 84 株；一般果园以 3 米×4 米或 3 米×5 米株行距为宜，每亩栽植 45~56 株；山地可适当加大密度。

六、大树移栽

为了抢占市场，早期实行保护地生产，可以直接外引或外购 4~6 年生的大树直接移栽到保护地内，移栽树经过一个生长季的缓苗与培育，第二年即可进行生产，并能取得很好的经济效益。

移栽前，在准备栽樱桃树的温室内按预先设定好的株行距挖定植沟，沟宽 1 米、深 0.5 米左右，放入与土混拌的腐熟的农家肥、腐殖土等，回填放水，沉实待用。农家肥亩施 4 000 千克左右。

选择4~7年生树体生长良好的樱桃树，于秋季落叶后封冻前或春季萌芽前进行移栽。挖树时，由树冠外围开始，逐渐向内进行。尽量要少伤根，避免伤大根。另外，樱桃树根系很脆，易折断，因而搬运时要格外小心，保护好根系，随起随栽，栽好后立即灌透水。远途运输时，要将根系沾泥浆或保湿运输，以利成活。秋季栽植的树，冬季要注意培土防寒。

第六章 甜樱桃整形修剪技术

一、甜樱桃树体生长发育特点

1. 甜樱桃芽的异质性

甜樱桃树体生长发育过程中，由于内部营养状况和外界环境条件的影响，同一枝条不同节位，芽的质量（饱满度）有所不同，萌发力量和生长表现也不相同，这些特点称为芽的异质性。在一个发育枝上，所有的芽，全为叶芽，只有基部几个芽较小而瘪，而中上部的芽都比较饱满，梢顶端通常有一个或轮生二三个饱满的叶芽；混合结果枝、长果枝和部分中果枝一般只有基部或中下部形成了花芽，上部及顶芽都是叶芽；而短果枝和花束状果枝只有顶芽为叶芽，其余的多为花芽。所以在修剪时，通过选留不同质量的芽，可以达到促控的目的。甜樱桃的花芽全是单生芽且为纯花芽，对果枝进行修剪时，混合结果枝、长果枝、中果枝剪口芽，不能留花芽，如留花芽，结果后易变成干桩而死，会减少结果枝的数量，而短果枝和花束状果枝不能用短截方法，只能用回缩的方法。

2. 甜樱桃芽具有早熟性

甜樱桃的芽和其他核果类果树相似，具早熟性，在生长季节摘心、剪梢，可促发新梢。甜樱桃在花后对新梢保留10厘米左右摘心，能抽生出1~2个中长枝，下部萌芽形成叶丛枝；新梢保留20~40厘米，剪去10厘米以上的梢部，能促发3~4个中长枝；摘心过轻，则只能萌发1~2个中长枝。在一年中可连续摘心1~3次。在整形期，可利用这一特性，对生长旺盛枝、主枝多次摘心，迅速扩大树冠，加快整形过程。进入结果期的树可利用连续重摘心控制树冠，促进花芽形成和培养结果枝组。

3. 顶端优势性强

甜樱桃枝条顶部芽所萌发的新梢，分枝角度小、萌发力强，新梢生长旺盛，从上到下，各芽的萌发力和生长势依次减弱，角度增大，枝势也较弱。这种由上至下萌发的枝条生长势由强渐弱，而角度由小变大的特性称为枝条的顶端优势或先端优势。顶端优势因原枝的强弱而不同，萌发新梢的枝势与角度也不同，强枝顶端优势强，剪口留壮芽，顶端优势强。因此，整形期修剪可在需要分枝的部位进行短截促发新梢；而进入结果期则要通过拉枝、摘心、疏枝等方法控制顶端优势，因为顶端优势强，其拉动力强，营养集中供养顶部，会造成枝条后部花束状果枝枯死变成光杆枝或形成光秃带。

4. 萌芽率高，成枝力弱

甜樱桃自然萌芽率高，但成枝力较低。一年生枝，除基部几个瘪芽外，枝条上的芽几乎全萌发，自然缓放情况下只有先端1~3个芽可抽生强旺枝，其下有1~2个中短枝，其余全是叶丛枝。成年树的萌芽力稍有降低。萌芽率、成枝力的强弱，是确定不同修剪方法的重要依据之一。整形修剪要根据这一特性，以夏季修剪为主，多缓放，促控结合，促进花芽形成。而成枝力较弱的品种，需适量短截，促发长枝，增加枝量。

5. 干性强、层性明显

果树由于顶端优势，一年生枝剪截后顶端萌发并抽生长枝，下端抽生短枝和叶丛枝。这种现象每年重复出现，就形成了层性。干性是指中心干的长势。干性强、层性明显的品种适宜整成有中心干的树形。而干性弱、层性不明显的品种则适宜整成无中心干的开心树形。甜樱桃干性强、层性明显，采取纺锤形整形比较适合。

二、甜樱桃的几种常用树形

1. 改良纺锤形

目前，生产上常用树形。有中心领导干，干高不低于40厘米，在中心领导干上每隔15～20厘米，不同方向错落着生一个单轴延伸的主枝，全树共20～30个，开张角度80°～90°，树高为2.5～3米。整形期间，只对中心干延长枝进行必要的短截，疏除背上枝或轮生枝。主枝选足以后，在最上一枝分叉处落头开心或拉平，中心干与主枝粗度比为3∶1。这种树形，适应樱桃园密植的需要。

改良纺锤形的整形过程如下所述。

定植苗木定干高度为0.6～0.8米，保留剪口下的第1芽，抹去第2～3芽，留第5芽，抹去第6芽，留第7芽，并对第7芽以下的芽进行隔三差五刻芽，涂抹抽枝宝或发枝素，促发长枝，对距地面40厘米以内的芽不再进行刻芽或其他处理。苗木定植后，要加强田间管理。进入5月份后，可分次施肥，促其生长，但后期要控制氮肥，防止枝条虚旺，造成冬季枝条抽干。生长旺季如发现整形带上部几个枝条过旺，可适当控制（轻微摘心），以防止下部枝条太弱而被抽死。第二年春季修剪时，中心干延长枝在有分枝处向上留60厘米左右剪截，剪口下的第1芽保留，抹去第2~3芽，在整形带内，按需发枝量进行刻芽，同时涂抹抽枝宝或发枝素。下部一年生枝，如果抽枝数量达到要求且生长势均衡时，即可以进行拉枝处理，否则要将一年生所有主枝极重短截，一般留1~2个侧芽或背下芽，不要留背上芽。第三年春季，其管理重点是进行拉枝，将所有主枝全部拉平，基角接近90°，对其中细弱的主枝，可先拉平（张开基角90°），然后松开，促其生长，以减少与其他主枝的差别。在拉平主枝的同时，可适当调整各主枝的角度和方向，使其主枝的分布更加合理。主枝全部甩放，单轴延伸。整个主枝刻侧芽和背下芽，促使花束状结果枝的形成。对个别中心干高度不够、主枝数量不足的树，可继续进行中心干中短截，促生主枝，中心干上部如有主枝分布不均匀，且有空当处，仍可刻芽，促其抽枝。

要达到定植3年成形，在管理中：一是要注意疏除多余的主枝和竞争枝；二是要控制强枝，扶持弱枝，对少数弱枝要局部喷施生长素，促其生长。

2. 改良主干形（又称细长纺锤形）

（1）树体结构特点 具有中心干，干高60~80厘米，树体高度2.5~4米，冠幅1.5~2.5米。在中心干上均匀轮状着生下部较大、上部较小、水平生长的侧生分枝 15～25 个，基角 70°～80°，腰角 80°～90°，枝梢 90°至下垂，各侧生分枝可以直接培养成大、中、小型的结果枝组。也可在基部第一层设三主枝，在主枝上培养结果枝组。整个树体下部冠幅较大，上部较小，全树修长，呈细长纺锤形（图 6 - 1）。

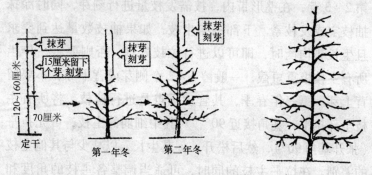

图 6 - 1　改良主干形

（2）改良主干形的整形过程　春季定植后在地面向上 120 厘米处剪截定干，然后利用刻芽和抹芽技术，增加新梢数量。保留剪口下的第 1 芽，抹去向下 10 厘米内的芽，留 1 个芽，然后向下每隔 7～10 厘米留 1 个芽，呈轮状分布，抹去多余的芽，干高 60 厘米以下的不抹芽。从剪截处向下从第 4 芽开始以下的芽，在其芽上部进行"一"字形刻芽，干高 60 厘米以下的不刻芽。5～7 月份，对分枝粗度超过中心干粗度 1/3 的新梢留 8～10 厘米，进行重度摘心，控制其粗度和生长量；各侧生枝生长至 20 厘米左右时，用小竹签（或牙签）撑枝开角至 80°左右，新梢再延长生长后，梢部可能出现上翘，可坠枝开梢角；下部选择 3 个分布方位合理的侧生分枝，在其生长到 60 厘米左右时，进行中度摘心（摘去 15 厘米以上），上部及其他的侧生分枝每生长 15 厘米左右进行一次轻度摘心（摘去 5 厘米以下）。

冬季修剪时，中心干在有分枝处向上留 80 厘米左右剪截，各延长枝中短截。背上直立枝疏除，其他枝缓放。

（3）定植后第 2、第 3 年修剪　发芽期对所留的中心干，每隔 7 ~ 10 厘米留一个芽，成轮状分布，抹去多余的芽，发芽期从上部向下第三芽以下的芽进行刻芽。5 ~ 7 月份的夏季修剪同上，并在 5 月中旬对背上枝进行扭转。

冬季修剪同第一年，当顶端分枝过多时，可疏去向上生长的枝条，保留平斜生长的枝条。

3. 主干疏层形

（1）树体结构特点　有中心领导干，干高 50 厘米左右，全树主枝 6 ~ 8 个，分 2 ~ 3 层，第一层 3 个主枝，第二层 2 ~ 3 个主枝，第三层 2 个主枝，开张角度为 60° 左右，第一层每个主枝上各有 3 ~ 4 个侧枝，开张角度 60° ~ 80°。2 ~ 3 层主枝上各有 2 ~ 3 个侧枝，在各级骨干枝上培养结果枝组。这种树形对技术条件要求较高，修剪量较大。结果后树势容易维持，结果部位较稳定。但整形前期应该注意多留辅养枝，增加枝叶数量，加快扩大树冠（图 6 – 2）。

（2）主干疏层形的整形过程　春季定植后在地面向上60 厘米左右处剪截定干，剪口下保证有 3 个以上饱满芽，若芽不够，也可采取前述早摘心的方法促发副梢代替。第一年选方位较好、生长均衡的 3 个新梢留做第一层主枝。

第二年春季修剪时，中心干留 60 厘米左右中短截，发生的新梢选留方向好的 2～3 个做第二层主枝培养，第一层主枝留 50 厘米处短截，发出的新梢选留第一侧枝、第二侧枝，第二侧枝的方向在第一侧枝的对面，发出的其他枝可扭梢、摘心促其成花，对不做主枝的一层大枝，可以采取拉枝刻芽等方法促花。6 月中下旬，当中心干长至 60 厘米时，摘去 10～15 厘米促发第三层主枝。第三年的修剪任务是继续选留第一、第二层侧枝及在各级侧枝上培养大型结果枝组，利用里芽外蹬或拉枝开角等方法使各主枝角度达 60°左右。

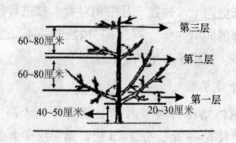

图 6-2　主干疏层形

4. 自然开心形

（1）树体结构特点　没有中心领导干，干高 20～40 厘米，全树主枝 3～4 个，开张角度 30°～45°，每个主枝长势均衡，在整个树冠内均匀分布，每个主枝上着生 6～7 个侧枝，开张角度 50°～60°。在各级骨干枝上配备各种类型的结果枝组。这种树形的优点是修剪量少，成形快，结果早，产量高，树枝开张，冠内通风透光条件好，结果品质好。缺点是树冠易郁闭，骨干枝易出现光秃和偏冠现象。盛果期后，在各主枝连接处易发生劈裂，抗风能力差。温室生产中，前 1～2 排树适合此树形，以及干性弱的品种可应用此树形。

（2）自然开心形的整形过程　定植后定干 50 厘米左右，剪口下一定要有 3～5 个饱满芽。剪口下的这几个芽萌发形成的强旺梢选做主枝，长势强旺而均匀，易成型，骨架牢固，寿命长。若苗木质量差，萌芽抽梢数不足，可选生长强旺、方位较好的新梢，在其刚展开 5～6 片叶，尚未明显伸长时留 3 片大叶摘心，可以促发 2～3 个强旺副梢，其生长势不亚于直接从苗干上发出的新梢。肥水条件良好的情况下，当年秋亦可长至 1.5 米以上，完全符合做选留主枝的标准。选留做主枝的几个新梢，加强土肥水管理的前提下，长至 50 厘米左右时留 40～50 厘米摘心，促发分枝，强旺分枝可选留第一侧枝。至 8 月底，将主枝拉至 30°～45°角固定，未停长强旺梢可进行多效唑蘸尖。第二年春季芽萌动时，各主枝在分枝以上留 40～60 厘米短截，促发分枝，角度、方位较佳者可选留第二、第三侧枝，延长枝继续做主枝头延伸，扩大树冠。其余分枝可采取摘心、扭梢等措施促进成花。竞争枝和背上直立枝通过及时疏除、扭梢加以控制。到秋季，再对主枝、侧枝角度加以调整、固定。第三、第四年按照第二年的方法继续选留侧枝，培养枝组，促进形成花枝。待树冠大小、枝量满足丰产园要求、行间剩 0.5～1.0 米即要交接时，主枝延长头不再短截，整形即告完成，此过程一般需 3～4 年时间。之后随植株结果量渐增，主枝开张角度加大，延长头生长势力衰弱，即要进行回缩复壮，最好保证延长头始终为混合枝。对于背上直立、抽头挡光、竞争等各类扰乱树形、影响正常生长发育与开花结果的枝要随时加以控制。

对于生长强旺、干性强的品种，在整形过程中可先留中心干，但中心干上不配主枝，只配较大型结果枝组，且结果枝组着生角度要大。其余主枝按常规进行培养。待大量结果后，树势已缓和，各主枝生长势力中庸而均衡，角度固定，骨架从属关系明显、合理时，再将中心干去掉形成开心。

三、修剪的时期及方法

1. 冬季修剪

（1）短截　短截是甜樱桃修剪中应用最多的一种手法。短截又依剪截程度不同分为轻短截（截去枝条全长的 1/3 左右）、中短截（截去枝条全长的 1/2）、重短截（截去枝条长度的 1/2 以上）和极重短截（在基部保留 1~2 个叶芽处短截）4 种方式。前 3 种短截的主要作用是增加枝梢密度，促进营养生长和枝组的更新复壮。对骨干枝的延长枝进行适度短截，有利于增加枝量和扩大树冠，促使其早成形、早结果（图 6-3）。

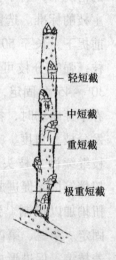

轻短截

中短截

重短截

极重短截

图 6-3　短截

（2）甩放　即对一年生枝条不截，也是甜樱桃修剪中常用的一种手法。其作用与短截完全相反，主要是缓和树势，调节枝量，增加结果部位和花芽数量。

因此，为了提早结果，早期丰产和长期高产稳产，整形修剪中除了对各级骨干枝进行短截外，对其他枝条应采用甩放手法，并掌握甩放的程度和时间，待枝条结果转弱之后即回缩复壮。

（3）疏枝　就是把枝条从基部剪除。主要疏除过密过挤的辅养枝、树形紊乱的大枝、徒长枝、细弱的无效枝、病虫枝等。疏枝的作用是可以改善光照条件，减少营养消耗，使旺树转化为中庸树，促进多成花，平衡枝与枝之间的势力。疏枝具有双重作用，由于疏掉了一部分枝叶，造成伤口，对全树和被疏除的母枝具有削弱和缓势的作用。疏除的枝越大，量越多，对全树和被疏除的母枝的削弱和缓势作用越明显。在樱桃树上，一次疏枝不可过多，对大枝也不宜疏除，以免造成伤口流胶和干裂，削弱树势。如树形紊乱，非疏除不可时，也要分年度逐步疏除大枝，防止过急，掌握适时适量为好。对疏除造成的大伤口，表面粗糙，要用刀将锯口削平，用2%的硫酸铜溶液或用0.1%升汞水消毒，然后涂以保护剂，其中以涂抹乳胶的效果为最好。

（4）回缩　将多年生枝剪除或锯掉一部分、留下一部分称回缩。盛果期树的新梢生长势逐渐减弱，同时有些枝条下垂，树冠中下部出现光秃现象，为了改善光照，减少大枝上的小枝数目，使养分和水分集中供应下部的枝条，采用回缩的方法对恢复树势很有利。但同时应加强肥水管理，使枝条正常生长和结果。回缩也可以用于结果枝和结果枝组的更新复壮。甜樱桃生长势强旺的品种，枝条连续缓放2~3年，仍不形成花芽，或成花量很少，这主要是甜樱桃极性较强，顶端生长旺盛所致。对此类枝条，可以在一年生和二年生枝交接处进行回缩修剪，对促进回缩下部花束状果枝的形成效果非常明显（图6-4）。

下垂枝回缩　　　　延长头回缩　　　　结果枝组回缩

图6-4　回缩

2. 夏季修剪

（1）摘心　枝条在未木质化以前，摘除新梢的先端部分称为摘心。摘心的作用主要是控制枝条的旺长，增加分枝级次和枝量，加速扩大树冠，促进枝条向结果枝转化，有利于幼树提早结果。这项措施主要用于幼树和旺盛树。摘心的时间，可分早期摘心和生长旺季摘心。早期摘心，一般在落花以后10～15天进行，对幼嫩新梢保留10厘米摘心，这样除顶端发生1中等大的枝条，下部各芽均能形成短枝，主要用于控制树冠和培养小型结果枝组。生长季摘心，一般在5月下旬至7月上旬进行，对新梢保留30～40厘米摘心，主要用于增加枝量。如树势旺盛，摘心后的副梢仍很旺，也可进行连续摘心2～3次，能促进形成短枝，提早结果。

中国农业科学院郑州果树研究所科技人员在河南地区针对新梢不同程度摘心对形成副梢数量的影响进行试验，

结果表明新梢摘心的程度不同，其摘心效果也不同。在一个新梢上，摘去新梢的 $1/3 \sim 1/2$、且摘心长度不短于 15 厘米，一般能萌发 $2 \sim 4$ 个二次枝，其效果是促进摘心部位局部的营养生长，促发分枝，但这些新梢的粗度及长度都小于不摘心的新梢，即削弱了被摘心新梢的整体生长，作用同中短截，被称其为中度摘心。在一个新梢上，摘去新梢顶部 5 厘米，一般只能萌发 $1 \sim 2$ 个二次枝，其效果是抑制顶梢的生长，促进新梢中下部增粗、增加芽饱满度，这种方法称其为轻度摘心。对幼树上的新梢进行连续的轻度摘心，可有效地抑制新梢的营养生长；在初果期树上于 5 月份对新梢进行轻度摘心，能促使新梢基部腋芽形成花芽。在一个新梢上，摘去新梢的 $1/2$ 以上、且仅留基部 10 厘米左右，也能促发 $2 \sim 4$ 个二次枝，但摘心后的新梢生长势和生长量远低于中度摘心，称其为重度摘心。效果相似于极重短截。在 5 月份重度摘心能促使新梢基部的几个腋芽形成花芽。

（2）扭梢 将半木质化的新梢扭曲下垂，称为扭梢。在 5 月下旬至 6 月上旬，新梢尚未木质化时，将背上直立枝、竞争枝及向内的临时性枝条，在距枝条基部 5 厘米左右，轻轻扭转 $180°$，经扭梢的枝条，长势缓和，积累养分多，顶芽和侧芽均可获得较多的养分，有利于分化成花芽。扭梢过早，新梢未半木质化，组织嫩弱，容易折断，且因叶片少，不利于形成花芽；扭梢过晚，枝条已木质化，脆硬不易扭曲，用力过大则容易折断，造成死枝（图 6 - 5）。

（3）拿枝 拿枝又称拿枝软化，是控制一年生直立枝、

竞争枝和其他营养枝长势
的方法。7月份枝条已木质
化，从枝条的基部开始，
用手折弯，然后向上每5厘
米弯折一下，直到先端为
止。如果枝条长势过旺，
可如此连续进行数次，枝
条即能弯成水平或下垂状。

图6-5　扭梢

经过拿枝，改变了枝条的姿势，削弱了顶端优势，使生长
势大为减弱，有利于形成花芽（图6-6）。

（4）拉枝　为了调整
骨干枝或辅养枝的角度，
缓和树势，促进早结果，
可采取拉枝措施。拉枝的
方法是一般采用鱼精绳、
布条等物，末端绑上木桩
埋入地下，上端拴上木勾
或垫上废布、废胶皮等物，

图6-6　拿枝

防止伤及被拉枝条的皮或绞缢，将被拉枝拉开角度。经过
一个生长季节以后，角度基本固定时，再解开拉绳。拉枝
时应防止大枝劈裂，也要防止因拉枝的支撑点过高，被拉
的枝中部向上拱腰，造成腰角小和冒条现象。拉枝的拉绳
一定要埋在树盘以内，以免影响行间作业（图6-7）。

（5）疏枝和回缩　甜樱桃采收后，为了调整树体结
构，改善树冠内通风状况，要进行修剪。修剪方法主要是

疏枝和回缩。对严重影响树冠内通风透光，又毫无保留价值的强旺大枝，可从基部疏除；对只影响局部光照条件，但又有一定结果能力的大枝，可在有分枝处缩剪。

（6）刻伤　萌芽期，在芽的上方的枝条上（如果在生长季节，在芽的下方）横刻一刀，深及木质部，称为刻伤。刻伤有"一"字形刻伤和"屋脊形"刻伤。萌芽期在芽的上方刻伤，可使下位芽萌发，促使枝条生长。但在弱枝弱芽上刻伤，效果不明显（图6-8）。

根据中国农业科学院郑州果树研究所利用几种夏季修剪技术对甜樱桃幼树的促花作用进行试验，结果表

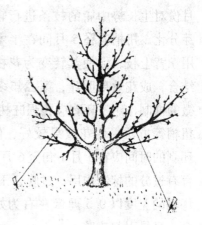

图6-7　拉枝

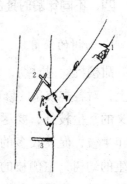

图6-8　刻伤

注：1. 芽上刻伤；2. 枝上刻伤；
3. 枝下刻伤

明：对于分枝力较强或易形成花芽的品种，如先锋、大紫、拉宾斯等品种的幼树进行夏季修剪时，使用局部促花措施可以收到良好的促花效果，主要以摘心为主，扭梢为辅，5

月份对生长势中庸的枝条进行轻度摘心，能有效地促进花芽分化。扭梢应在 5 月间在半木质化的新梢上进行，主要用于背上枝，促使其转变为花枝。摘心与叶面喷施多效唑结合，成花效果明显，第二年多效唑对新梢的生长仍有轻微的抑制作用。环剥应在强旺树或大枝上使用，结合摘心、扭梢等方法，促花效果较好，但中庸树和弱树不宜采用。环剥的时间应在 5 月下旬至 6 月上旬，过早，对树的生长发育有过分的抑制作用；过晚，雨季来临易引发樱桃树流胶。环剥的宽度以 0.5 厘米左右为好，环剥过宽不利于伤口愈合，且易引起流胶。

四、不同年龄时期的整形修剪特点

1. 幼树的修剪

甜樱桃幼树时期，主要是建立牢固骨架。在整形的基础上，对各类枝条的修剪程度要轻，除适当疏除一些过密、交叉的乱生枝外，要尽量多保留一些中等枝和小枝，短截一年生枝，促发较多的分枝，以利骨干枝的生长。三至四年生的幼树，主侧枝的延长枝和侧生枝的短截程度，应根据枝条的生长强弱和着生位置来确定。延长枝一般留外芽，也可以采取里芽外蹬的方法开张角度。树冠内的各级枝上的小枝，基本不动，使其尽早形成果枝，以利提早结果和早期丰产，防止内膛空虚。

在幼树整形时还要注意平衡树势，使各级骨干枝从属关系分明。当出现主、侧枝不均匀时，要压强扶弱，对过强的主侧枝进行回缩或进行极重短截，尤其是主枝基部粗度超过主干粗度时，极重短截后会大大削弱主枝生长势，这样树势可以逐步达到平衡。

2. 结果初期树的修剪

结果初期是指从开始开花结果到大量结果以前这段时期，这个时期为整形的后期，其主要任务是培养各种类型的结果枝组，并完成整形的余下工作。在修剪上枝条应以甩放为主，通过甩放缓和树势，减少长枝数量，避免因短截过多造成枝条密生，光照不足。

3. 盛果期树的修剪

在正常管理条件下，甜樱桃由初果期到盛果期的过度年限很短，通常为 1～3 年，但管理不当，时间会延长。盛果期修剪的主要任务是维持健壮树势和结果枝组的生长结果能力，保证长期高产稳产。

甜樱桃大量结果之后，随着年限的加长，树势和结果枝组逐渐衰弱，结果部位外移。应采取回缩和更新的手法，促使花束状果枝向中长果枝转化，以维持树体长势中庸和结果枝组的连续结果能力。对连续缓放形成的冗长细弱枝，及时回缩促壮，对生长过快、明显加粗的大枝和大枝组要随时注意加以控制，采取疏枝、加大枝角、多留果等方式缓和其生长势，使全株各方位长势均衡，背上直立枝、竞争枝采取及时剪除或生长季连续摘心、扭梢等措施加以控制。树干基部的裙枝要及时清理，以利通风透光。树冠过高的可采取落头开心或拉倒中心干延长头的办法压低树高。树冠中上部大枝过多，影响冠内通风透光时，要及时疏除部分大枝，打开光路。疏除大枝最好在果实采收以后进行。

总之，进入盛果期的树，在修剪上一定要注意甩放和回缩适度，做到回缩不旺，甩放不弱。这样培养出来的结果枝组才能结果多、质量好，达到长期稳产壮树的目的。

4. 衰老树的修剪

樱桃树寿命较短，一般在 15～20 年生以后就逐渐进入衰老期，衰老树几乎全是中短果枝，营养生长极度衰弱，有的树冠呈现枯枝、焦枝，甚至缺枝少杈，树冠不完整，产量下降，这类树修剪的总体原则是更新复壮。由于樱桃树的潜伏芽寿命较短，大枝经回缩后不容易发出大量徒长枝，所以要注重大中枝截留的位置。通常利用骨干枝基部萌生的发育枝、徒长枝对骨干枝进行计划更新，即在截除大枝时，如在适当部位有生长正常的分枝，最好在次分枝的上端回缩更新。这种方法对树损伤较小，效果好，不致过多地影响产量。另外，有分枝的存在，也有利于伤口愈合。利用徒长枝培养新主枝，应选择方向、位置长势适当，向外开展伸张的枝条。过多的应去除，余者短截，促发分枝，然后缓放，使其成花，形成大中型枝组。需要注意的是，去除大枝时若在冬季，伤口不易愈合，常因引起流胶而死亡。因此，最好在萌芽前后进行。

另外，进行骨干枝更新时，留桩要短，以 30～40 厘米长度为宜，最多不能超过 50 厘米。留桩过高，抽枝能力弱，更新效果不佳。更新时间以早春萌芽前进行为好。冬季更新，抽枝力、萌芽率显著降低，效果不佳。

五、甜樱桃整形修剪中应注意的问题

1. 甜樱桃树夹角小的枝杈易劈裂，且不易愈合，生产上对这类枝应及早疏除。

2. 冬季修剪时，疏除后大的伤口不易愈合，且易流胶，故宜在生长季节或采收后疏除。疏除时伤口要平、要小，不留桩，最忌留"朝天疤"伤口，这种伤口不易愈合，容易造成木质腐烂，滋生病虫。

3. 甜樱桃树要慎用环剥技术，因为环剥后易流胶和折断，而且环剥伤口过大，不易愈合。

4. 甜樱桃树长枝上或剪口下往往出现 3~5 个轮生枝，容易造成"掐脖"现象。为防止竞争枝的产生，最好在冬剪时抹去剪口下第 2~3 芽，或在其发生当年疏除，最多保留 2~3 个。过晚疏除，伤口大，易流胶，对生长不利。

5. 甜樱桃的枝条容易直立，尤其是枝条背上芽易萌发出背上直立枝，所以对无用的直立枝要尽早疏除。另外，拉枝后枝条先端的新梢也容易直立生长，因此必须加以控制或拉或疏，而且拉枝不能只拉一次，要随时调整。

6. 甜樱桃枝条容易偏体生长，即出现几个强旺大枝集中在一侧或侧枝强旺压过主枝的现象。为此，整形期应注意控制强旺枝或集中一侧的枝条，通过拉枝调整角度和方位。

7. 冬季修剪虽然在整个休眠期内都可以进行，但对于北方寒冷地区和春季干燥风大地区则越晚越好，一般接近芽萌动时修剪为宜，修剪早了，伤口易失水干枯。

8. 剪口离剪口芽不可太近，剪口要用愈合剂涂抹，使剪口尽快愈合。另外，苗木在起苗和运输过程中，容易出现主芽被碰掉的情况，在定干时，果农们往往降低定干高度，留主芽进行定干，故出现定干有高有矮、园相不整齐的现象。鉴于此，利用樱桃副芽也可萌发的特性，可按预定高度进行定干，虽副芽萌发稍晚，但由于部位势优，后期可发育成理想的长枝。

9. 幼树整形上不可短截过多，或短截的年限过长，以免造成枝条密集，光照条件不良，树形紊乱。改造这类树时，不能大杀大砍，需去除的大枝要分年逐渐去掉。对长势旺的树，应适当缓放，如果短截过多，则可能越剪越旺。对幼树除按整形要求对主干及主枝延长枝进行适度短截，促发新梢扩大树冠外，其他中短枝尽量不动，在培养树形的基础上，培养结果枝组，以利提早结果。

10. 甜樱桃树忌过度缓放，缓放过度会造成内膛空虚，结果部位外移，树势衰弱。因此，生产上应缓放几年再适当回缩，保证正常结果前提下，每年都能抽生出一定数量的新梢。

六、化学促控技术的应用

1. 化学促控技术

化学促控技术主要是采用多效唑（PP333）或 PBO 控制幼树营养生长过旺和促进花芽形成。施用多效唑的时期、浓度、施用次数要根据栽培品种和树体的生长势来确定。影响树体生长势的因素很多，如土壤肥力、肥水供应量、砧木类型、树龄乃至病虫防治状况等。原则上，只有在树势生长强旺的甜樱桃品种上，且当树体的骨干枝已长成、枝条数量已基本长够的幼树及初结果树上才可施用多效唑。土壤肥力差、水肥供应不足、采用 Gisela5 等矮化砧及半矮化砧的树一定不要施用多效唑；阿坝州高半山土壤肥力较差，肥水供应不足，不宜使用多效唑；采用乔化砧木嫁接的容易成花的品种，如佳红、红蜜、萨米特、晚红珠等，一般不施用多效唑，或只用于蘸梢；土壤肥沃，肥水供应量大，用乔化砧木嫁接的生长势强的品种，如红灯、明珠、美早在定植后 3~4 年的树，须采用多效唑控制其生长，可用 100~200 倍的较高浓度喷施；如果是高密度樱桃园，如株行距为 2 米 × 3 米，则在定植后第 2~3 年即可用 100~200 倍的高浓度控制其生长；如果是株行距为（3~4）米 × 5 米的樱桃园，则必须在定植后第 4 年才能施用多效唑，施用多效唑 1 个月之后，如果还没有起到控制生长的效果，可再喷施一次 200~300 倍的多效唑。

2. 化学促控时期

一般于 5 月中下旬，甜樱桃新梢生长到 15 厘米左右时，叶面喷施多效唑 100~150 倍液一次，喷药后 15 天左右新梢停止生长，当年的一年生枝成花枝率可达 70% 以上，新梢生长量 20~40 厘米，但在秋季容易出现补偿生长。如果在6~7 月份叶面喷施多效唑 100~150 倍液一次，喷药后 15 天左右新梢停止生长，可控制当年秋梢的生长，虽然对当年促花效果不明显，但可控制翌年新梢生长及促进其基部腋芽形成花芽；第二年新梢生长量在 10~40 厘米，成花枝率 90% 左右。如果在 8 月份叶面喷施多效唑 100～150 倍液一次，也可控制秋梢的生长，也控制翌年新梢生长及促进其基部腋芽形成花芽；第二年新梢生长量在 3～10 厘米，成花枝率 98% 左右。

以上 3 个时期可根据树体生长情况进行选择。100 倍的 PBO 对甜樱桃新梢和花芽形成与上述多效唑的作用相同，200 倍 PBO 在 5 月中旬开始叶面喷施时，需要在 6 月中旬和 7 月中旬再喷一次，这样可以使当年新梢成花枝率达到 92% 左右，且秋季没有徒长。

特别提示：施用多效唑，呆滞期较长，且施用后有效期长，严重影响树体生长，故生产上一般不宜采用。叶面喷施一定要慎用，应做到叶面均匀展着药剂，且以药剂不滴落为适度，而且以新梢顶端幼嫩叶片部位为主。

近几年通过试验，用 10～20 倍的多效唑涂干，涂干高度为 20～30 厘米，也可起到控制生长的作用，且工作量小，而且可以做到哪株树旺涂哪株，哪个枝旺就涂哪个枝，是行之有效的方法，可以广泛应用。对于幼旺树或秋季徒长的新梢，可用 30 倍液在 8 月末至 9 月初蘸尖，使新梢及时停长，增加枝芽成熟度，防止越冬抽条。

第七章 甜樱桃栽培土肥水管理技术

一、土壤改良与管理

1. 深翻扩穴

在幼树定植后的头几年，从栽植坑的外缘开始，每年或隔几年向外深翻，直到株行间的土壤全部翻完为止，这种改土方法叫深翻扩穴。春、夏、秋季均可进行。最好结合秋施基肥时进行，遇有树根时，先把树根下的土挖空，然后从树根上面翻土，使上部土壤落到下边挖空的地方。挖出的树根，立即用土覆盖，避免风吹日晒。翻出的表土和新土，要分别堆放。对损伤的粗根，要剪平伤口，促使愈合，以利分生新根。覆土时要打碎土块，拌腐熟的有机肥。覆土后踏实土壤，充分灌水，以促进伤根的恢复，提高深翻效果。

2. 中耕松土

甜樱桃对土壤水分很敏感，既不抗旱，同时又要保持土壤通气。因此，要求灌水后或雨后一定要中耕松土。一方面可以切断土壤毛细管，保蓄水分；另一方面可以消灭杂草，减少杂草对水分的竞争，改善土壤通气条件。中耕深度以 10 厘米左右为宜，中耕次数视灌水和降雨情况而定。

最近几年，有些地区的大樱桃园在每年的夏、秋季节，樱桃树即出现大面积的黄化落叶现象，主要原因一方面是杀菌剂喷施不及时或不对症用药；还有一个原因就是土壤管理欠缺。由于6~7月份雨水多，土壤湿度大，8~9月份干旱，造成土壤板结，缺乏氧气，根系生长受阻，树势衰弱，叶片叶柄部产生离层，即导致叶片黄化脱落。低洼地、黏重土壤上发生严重。因此适时地中耕松土与及时排灌水非常重要。

3. 地面覆盖

覆盖地膜常用在栽苗期和温室樱桃升温至采收期。栽苗期地面覆盖地膜的目的是提高地温，保持土壤水分，以利于苗木成活；升温至采收期覆盖地膜的目的是提高地温，降低棚内空气湿度，减少病虫害发生及防止裂果。生产上不少管理精细的露地樱桃园也进行地膜覆盖，目的是增温、保湿、抑制杂草生长。

覆盖地膜应在中耕松土后进行，否则，会因土壤含水量过多，土壤透气性降低而引起根系腐烂。为了保证根系的正常呼吸和地膜下二氧化碳气体的排放，地膜覆盖带不能过宽，降雨后注意开口放水。为提高覆膜后的土壤透气性，在膜下覆草是最好的办法。

覆盖地膜时，还要根据不同的使用目的而选用不同类型的地膜。无色透明地膜不仅能很好地保持土壤水分，而且透光率高，增温效果好。黑色地膜比较厚，对阳光的透射率在10%以下，反射率为5.5%，因而可杀死地膜下的杂草；增温效果不如透明膜，但保温效果好，在高温季节和草多地区多使用此种地膜。银色反光膜具有隔热和反射阳光的作用，其反射率达81.5%～91.5%，几乎不透光，因此，在夏季可降低一定的地温，也有驱蚜、抑草的作用。但主要是利用其反光的特性，在果实即将着色前覆盖，以增加树冠内部光照，使果实着色好，提高果实品质。可控光降解膜是在树脂中加入光降解剂，当日照积累到一定数值，会使地膜高分子结构突然降解，成为小碎片或粉末状，不需回收旧膜，防止了土壤污染，其增温、保墒效果与透明膜接近。

4. 种植绿肥与行间生草

幼龄甜樱桃园可进行行间间种。但间作物必须为矮秆、浅根、生育期短、需肥水较少，且主要需肥水期与甜樱桃植株生长发育的关键时期错开，不与甜樱桃共有危险性病虫害或互为中间寄主。最好不间作秋菜，以免加重大青叶蝉为害及引起甜樱桃幼树贪青。最适宜的间作物为绿肥，可以翻压，增加土壤有机质含量。

成龄甜樱桃园亦可采取生草制，即在行间、株间树盘外的区域种草，树盘清耕或覆草。所选草类以禾本科、豆科为宜。但由于所播草类生长发育需大量水分，因此实行生草制的甜樱桃园必须有方便的灌水条件，并在草及甜樱桃树生长发育的关键时期及时补肥、浇水，及时刈割覆于树盘，割后保留10厘米高。长期生草后易使草根大量集中于表土层，争夺养分、水分，因此，几年后宜翻耕休闲一次。

我国常见绿肥作物种类繁多，达 40 余种，可因地制宜加以利用。常用的有紫花苜蓿、白三叶、草木樨、杂豆类等，生长季刈割覆于树盘，亦可翻压。

也可采取前期清耕，后期种植覆盖作物的方法，即在甜樱桃需水、肥较多的生长季前期实行果园清耕，进入雨季种植绿肥作物，至其花期耕翻压入土中，使其迅速腐烂，增加土壤有机质。因此，是一种较好的土壤管理方法，在夏季雨水集中的北方地区值得采用。

5. 改良盐碱土壤

很多果农都想栽种甜樱桃，但苦于土壤存在不同程度的盐碱，若不经改良，难以保证甜樱桃树体良好的生长发育。有效的改良方法：①定植前挖沟，沟内铺 20～30 厘米厚的作物秸秆，形成一个隔离缓冲带，防止盐分上升；②大量施用有机肥，降低土壤 pH 值；以硫酸钾作钾肥，硫酸铵作氮肥；③勤中耕松土，切断毛细管，减少土壤水分蒸发，从而减少盐分在土表的积聚；④采用地面覆草、地膜覆盖、种植绿肥等方法，均可有效改良盐碱土壤。

二、绿色食品肥料使用准则

种植作物要求施肥必须使足够数量的有机物质返回土壤，以保持或增加土壤微生物活性。所有有机或无机（矿质）肥料，尤其是富含氮的肥料，应以对环境和作物（营养、味道、品质和植物抗性）不产生不良后果为原则。

（一）AA 级绿色食品的肥料使用准则

AA 级绿色食品：在生态环境质量符合规定的产地，生产过程中不使用任何化学合成物质，按特定的生产操作规程生产、加工、产品质量及包装经检测、检查符合特定标准，并经专门机构认定，许可使用 AA 级绿色食品标志的产品。

1. 用绿色食品标准规定允许使用的肥料种类，禁止使用其他化肥，禁止使用有害的城市垃圾和污泥。医院的粪便垃圾和含有害特质（如毒气、病原微生物、重金属等）的工业垃圾，一律不得收集作生产绿色食品的肥料。

2. 秸秆还田可因地制宜地进行。绿肥利用形式有覆盖、翻入土中与混合堆沤。绿肥最好在盛花期翻压，翻埋深度为 15 厘米左右。盖土要严，翻后耙匀。

3. 腐熟达到无害要求的沼气肥水及腐熟的人畜粪尿可用作追肥，严禁在蔬菜等作物上浇不腐熟的人粪尿。

4. 饼肥对水果蔬菜等作物品种有较好的作用。

5. 叶面肥料，喷施于作物叶片，可施多次，最后一次必须在收获前 20 天喷施。

6. 微生物肥料可用于拌种，也可作基肥和追肥施用，使用时应严格按照使用说明书的要求操作。微生物肥料对减少蔬菜硝酸盐含量、改善品质有显效果。可在蔬菜上有计划地扩大使用。

7. 补钾可选符合推荐性国家标准（GB/T 20937 - 2007）并取得有机产品认证的有机天然硫酸钾镁肥。

（二）A 级绿色食品的肥料使用准则

A 级绿色食品：在生态环境质量符合规定标准的产地，生产过程中允许限量使用限定化学合成物质，按特定的生产操作规程生产、加工、产品质量及包装经检测、检查符合特定标准，并经专门机构认定，许可使用 A 级绿色食品标志的产品。

1. 选用绿色食品标准规定允许使用的肥料种类。如生产上实属必需，允许生产基地有限度地使用部分化肥，但禁止使用硝态氮肥。

2. 化肥必须与有机肥配合使用，有机氮与无机氮之比以 1∶1 为宜，厩肥大约 1 000 千克加尿素 20 千克（厩肥作基肥，尿素可作基肥和追肥用）。最后一次追肥必须在收获前 30 天进行。

3. 化肥也可以和有机肥、微生物肥配合使用。城市垃圾要经过无害化处理，质量达到国家标准后才能使用，每年每亩农田限制用量，黏性土壤不超过 300 千克，沙性土壤不超过 2 000 千克。

4. 秸秆还田及其他使用准则，同 AA 级绿色食品的肥料使用准则。

三、合理施肥

合理的水肥管理是实现甜樱桃早实、优质、丰产和保持树体健壮的基础。甜樱桃从开花到果实成熟仅有 40～70 天，果实发育期也是枝条旺盛生长期和花芽分化期。果实、枝条和花芽同时发育必然出现营养竞争。为提高果品的商品质量，必须提高平均单果重和果实含糖量；为保持健壮的树势，必须维持适度的新梢生长量；为来年丰产，必须保证当年形成足量的花芽。所有这些营养生长发育都必须有足够的矿质营养作保证。

1. 甜樱桃树体矿质营养诊断标准

甜樱桃树体矿质营养状况可根据其叶片分析、土壤分析和树体的形态表现来确定。以叶片营养成分分析结合植株形态表现判定某一元素的含量水平是否合适，较为科学和准确。甜樱桃在周年不同时期某一营养成分的含量差别较大，在生长季的早期，通常氮、磷、钾的含量较高，镁的含量较低；锌则先高后低，9月又增高。为了使分析资料具有可比性，各国通常规定取样的时间为每年夏天的中期。根据欧美国家近年文献，现将甜樱桃叶片主要营养成分含量标准整理如表8-1。甜樱桃对某些元素的要求已有较深入的研究，并已有较准确的含量标准；相反，对另外一些元素的研究并不完全，所以，现在提出的某些指标只有参考价值，并且不同来源的资料所确定的营养标准可能有一定的差异。

表8-1 樱桃叶片的标准营养水平（干重的%或毫克/千克）

营养元素	不足	适量	过量
氮（%）	<1.7	2.33~3.27	>3.4
磷（%）	<0.08	0.23~0.32	>0.4
钾（%）	<1.0	1.0~1.92	>3.0
钙（%）		1.62~3.0	

（续表）

营养元素	不足	适量	过量
镁（%）	<0.24	0.49~0.9	>0.9
硫（%）		0.13~0.8	
硼（毫克/千克）	<20	25~60	>80
铁（毫克/千克）		119~250	
锰（毫克/千克）	<20	44~60	
锌（毫克/千克）	<10	15~50	
铜（毫克/千克）		8~28	

2. 甜樱桃所需的主要营养元素及作用

（1）氮　据研究，甜樱桃叶片氮的适宜含量为2.33%~3.27%。幼树的含量可高于3.4%，这样有利于树冠的快速扩大。成龄树则不宜超过3.4%。绝大部分樱桃园都不能提供足量的氮以保证幼树的快速生长和结果树的丰产、稳产，必须依靠施用氮肥来实现以上目的。氮肥不足时，枝条短、树势弱、树冠扩大慢，较早形成大量的花束状短果枝和花芽。但由于树冠小、坐果率低和果实小，所以产量低，效益差，树体寿命短。缺氮的树叶片淡绿色，在生长季后期可能变为浅红色。基部老叶最先表现缺氮症状，而严重缺氮的树所有的叶片都受到影响。受影响的叶变小并提前落叶，果实变小并提前成熟。但氮肥过多，则会引起植株徒长，新梢基部和内膛叶黄落，小枝枯死，长势过旺，反而不利于花芽的形成，并推迟成熟，而且延迟生长的枝条在冬季低温下容易遭受冻害，干腐病、木腐病、流胶病等也随之加重。

我国果园的土壤肥力水平较低，故氮素施用量大。一般丰产樱桃园每年于秋天每公顷施 60～80 吨厩肥，其含氮量以 0.3% 计，约折合 160 千克/公顷。另于萌芽前、果实膨大期和采收后分 3 次追施速效化肥，纯氮约为 138 千克/公顷，萌芽前施肥量占 1/2，另两次各占 1/4。有机氮肥和无机氮肥合计约为 298 千克/公顷。国内在樱桃树体表现缺氮时，常采用叶面喷施尿素的方法，在这种情况下喷施尿素有一定的增产效果，但樱桃叶片容易受到尿素中双缩脲的危害，故在叶面喷肥时不应喷高浓度的尿素。

（2）磷　甜樱桃叶片的适宜磷含量为 0.23%～0.32%，0.08% 是缺乏磷的临界指标。甜樱桃缺磷所表现的症状为叶片暗绿转铜绿色，严重时为紫色，较老叶片窄小，近叶缘处向外卷曲，早期脱落，花芽分化不良，花少，坐果率低。显示磷素缺乏的最明显证据是施用磷肥之后，植株生长加快，枝条变粗，产量增加。磷过量导致甜樱桃叶片过小、丛枝状，叶脆易老化。对于缺磷的樱桃园施用磷肥是实现丰产、稳产的必要措施。一般在施基肥时将过磷酸钙（每公顷施用量约 450 千克）掺于有机肥中沟施即可，果园行间长草（生草栽培）有利于增加土壤磷素的供应。

（3）钾　甜樱桃叶片的适宜钾含量为 1.0%～1.92%，低于 1% 即显示缺乏。世界绝大部分樱桃园的土壤均不能提供足量的钾，所以施肥是甜樱桃不可缺少的增产和提高品质的措施。缺钾的樱桃叶片边缘向上卷曲，严重时呈筒状或船状，叶背面变成赤褐色，叶缘最终坏死或呈黄褐色焦枯状，另外枝条较短，叶片变小，严重时提前落叶。大量结果的树缺钾症状更为严重，因为果实积累了相当量的钾。一般樱桃园每年钾（K_2O）的施用量为每公顷 $100 \sim 200$ 千克，即每公顷施 $185 \sim 370$ 千克硫酸钾。一般施钾后一年内缺钾的症状消失。严重缺钾的植株可于花后叶面喷施硝酸钾（KNO_3）或磷酸二氢钾（KH_2PO_4），能起到速效的肥效作用。土壤中的钾过量时，会影响植株对镁和钙的吸收，容易引起这些元素的缺乏。

（4）钙　甜樱桃叶片的适宜钙含量为 $1.62\% \sim 3.0\%$。甜樱桃园缺钙在文献中很少报道。钙限量试验的结果表明，甜樱桃缺钙时，先从幼叶表现出症状，由叶尖及叶缘干枯，叶片上有淡淡的褐色和黄色标记，叶可能变成有很多洞的网架状叶，枝条生长受阻。一般来说，每千克甜樱桃新鲜果肉含有 120 毫克钙。果实中的钙含量与由降雨引起的裂果的敏感性有关，钙含量高者裂果率低些。为此，需在落花后至果实成熟前叶面喷施 3 次氨基酸钙、美果露、含钙螯合物等液态钙肥，可以起到明显的抗裂果作用。施基肥时，粪中掺入过磷酸钙，也可提供钙元素。

（5）镁　甜樱桃叶片的适宜镁含量为 $0.49\% \sim 0.9\%$。甜樱桃缺镁在文献中少见报道。缺镁的症状包括叶脉间失绿褐化和坏死，这些症状首先在老叶上出现。褐化从叶中间开始朝着叶缘发展，严重受影响的叶片将提前脱落。幼树镁含量低于 0.24% 时，则出现缺镁症状。钾含量很高的甜樱桃园容易缺镁。

（6）硼　甜樱桃叶片的适宜硼含量为 $25 \sim 60$ 毫克/千克。甜樱桃对硼元素的缺乏和过量非常敏感。硼含量在 100

毫克/千克以上时视为不正常的高含量，而高于 140 毫克/千克将出现明显的中毒症状，中毒植株小枝从上向下流胶，随后死亡。严重的可引起大枝和主干流胶；叶片形状和大小正常，但组织沿主脉逐渐坏死；花芽可能不发芽或者坐果少。甜樱桃硼缺乏或过剩的现象经常出现。当叶片硼含量低于 20 毫克/千克时，将出现明显的缺硼症状，主要表现为受精不良，造成大量落花、落果，畸形果增多，果面上出现数个木栓化硬斑的缩果病增加。缺硼时，可于萌芽前、幼果膨大期叶面喷施 0.3% 硼砂防缩果病、畸形果。还可结合施基肥时进行土施，土壤施用量是每公顷 2 ~ 3 千克硼砂。

（7）铁　甜樱桃叶片的适宜铁含量为 119 ~ 250 毫克/千克。几乎所有的樱桃产区铁的供应量都不足，而最普遍发生的是干旱地区，在碱性土壤（pH 值 > 7.0）上缺铁症是很普遍的，而以排水不良的果园最为严重。缺铁甜樱桃幼树的叶脉间组织失绿变为亮黄色，而叶脉仍维持绿色；枝条顶部的叶片首先失绿，逐渐向下扩展直至基部老叶。当植株缺铁时，叶片喷施 0.3% 硫酸亚铁或其他的含铁螯合物可有效缓解其症状。硫酸亚铁直接施入土壤效果不理想，将其掺入粪肥中施入土壤，可提高铁的利用率，其施用量为 15 ~ 30 千克/公顷。施用酸性有机肥，改善园地的排水系统，可提高土壤中铁元素的有效性。

（8）锰　甜樱桃叶片的适宜锰含量为 44 ~ 60 毫克/千克。叶片中锰含量低于 20 毫克/千克时将出现缺锰症，一些樱桃产区报道出现缺锰症，其症状是叶脉间失绿，与缺锌症状相似。失绿从叶缘开始，进一步朝主脉发展。缺锰时产量和果实品质受到严重影响，果实变小、汁液少，但着色深、果肉变硬。在碱性土壤（pH 值 > 7.0）上普遍表现出缺锰现象，因为锰在碱性土壤中有效性低。在山东、大连地区的樱桃园，大多出现锰超标现象。

（9）锌　甜樱桃叶片的适宜锌含量为 15 ~ 50 毫克/千克。叶片锌含量低于 10 毫克/千克将出现缺锌症。甜樱桃经常发生缺锌症。缺锌常引起小叶病、花叶病、小果病等。可与萌芽前枝干喷施 0.3% 硫酸锌及其他锌的螯合物，或者萌芽后至花后 2 周叶面喷施都可有效消除缺锌症。

据大连市旅顺农业推广中心对大连地区各地的甜樱桃园的树体营养水平和土壤营养水平进行调查、化验分析及诊断，结果显示，大连地区甜樱桃树体营养存在极大的差异，锰过量，磷、钾、锌正常，氮、钙、镁、铁、硼、铜均不足。树体营养失调与元素之间的颉颃作用有关，如磷对铁、锌的影响，高锰诱发钙、镁、铁的缺乏等。大连地区樱桃园土壤营养诊断水平表明，pH 值高于 7.5 的点位占 9.09%，pH 值为 6 ~ 7.5 点位占 88.64%，pH 值低于 6 的点位占 2.27%；有机质含量偏低，低于 2% 的点位占 88.64%；全氮、碱解氮、有效钾、有效钙、有效硼偏低，有效磷、有效镁、有效铁、有效锰、有效锌、有效铜含量丰富。

3. 甜樱桃需肥特点

甜樱桃不同树龄和不同时期对肥料的要求不同，三年以下的幼树，树体处于扩冠期，营养生长旺盛，这个时期对氮肥需要量多，应以氮肥为主，辅助适量的磷肥，促使树冠的形成。四年至六年生的初果幼树，营养生长与生殖生长均衡，促进花芽分化是其主要任务。因此，在施肥上要注意控氮、增磷、补钾。七年生以上进入盛果期，树体消耗营养较多，每年施肥量要增加，氮、磷、钾肥都需要，但在果实生长发育阶段要补充钾肥，可提高果实的产量与品质。另外，根据甜樱桃的对肥料的需求规律，还应做到施肥要少量多次，可以使根系较好地吸收利用；水肥并施，即每次施肥后必须辅以供水，有利于发挥肥效；地上地下结合施肥，充分发挥甜樱桃叶大、叶密适合叶面追肥的特点。

4. 施肥时期与方法

（1）秋季基肥　秋季施基肥一般在 8 月底至落叶前均可，但以 8 月下旬至 9 月上中旬早施为宜，早施基肥有利于肥料熟化，树体当年即可吸收利用，增加树体内养分的储备和促进花芽分化，同时还有利于断根愈合，提高根系的吸收能力。

基肥的来源：基肥施用量要占全年施肥量的 70% 以上，以腐熟的有机肥为主。一般而言，幼树每棵施基肥 25 ~ 50 千克，盛果期的大树每棵施基肥 100 千克左右。优质的鸡粪、猪粪或人粪尿等，量可少一些，用杂草、树叶等土杂堆肥，量就要多一些。土壤有机质含量低的果园，施肥量要大一些。结果大树最好施用一些豆粕、芝麻饼等饼肥，可以有效地提高果实品质。

施基肥的方法如下所述。

①环状沟施法：对幼树可结合深翻扩穴进行，即每年在树冠的外围投影处挖宽 30～50 厘米，深 20～40 厘米的沟将肥料施入，3～5 年后树冠基本成形，地下部的深翻扩穴也基本完成。

②辐射状沟施法：对已进入结果期的大树最好用辐射状沟施法，即在离树干 50 厘米处向外挖 4～6 条辐射沟，要里窄外宽，里浅外深，靠近树干一端宽度及深度为 30 厘米，远离树干一端 30～40 厘米，沟长超过树冠投影处约 20 厘米。沟的数量为 4～6 条，每年施肥沟的位置要改变。

③对于肥源充足的樱桃园还可以全园撒施，之后深翻，或全年多次随水冲施。

（2）追肥　花期、果实膨大期、果实采收后可进行追肥。主要施用腐熟的人粪尿、猪粪尿、果树专用肥，放射状沟施，施肥后要及时灌水或随水冲施。花后至采收前每隔 10 天左右，叶面喷施 0.3% 的尿素加 0.1%～0.2% 硼砂加 0.3% 磷酸二氢钾液或一些微量元素营养液，可提高坐果率，增加产量，提高果实品质。

5. 甜樱桃施肥应注意的问题

（1）重视有机肥的作用　部分人认为，樱桃园不必施用有机肥，土壤肥力高会导致树体徒长。其实，这是一个很大的错误。有机肥一方面可以改善土壤的理化性状，增加土壤的通透性；另一方面，有机肥中各种营养元素含量丰富，除氮、磷、钾等大量元素外，还含有植物所需的多种微量元素。樱桃属浅根性树种，根系生长必须有良好的土壤环境及营养条件，才能使得树体得以正常生长发育。

樱桃要求土壤的适宜 pH 值为 6.5~7.5，而长期不正确地施用化肥，不但造成土壤板结、通透性不良，而且导致土壤酸化，树体逐渐衰弱，缺素症严重发生。生产中，要增加有机肥施用量，合理施用化肥。

（2）重视氮肥的作用　在化肥的使用方面，很多人片面强调磷、钾肥的使用。认为施氮肥会徒长，坐果率低，而应大量使用磷、钾。实际上，氮肥的使用时期和使用量把握得当，不会引起徒长。相反，树体在缺乏氮素营养的条件下，会导致花芽的形成及其质量受到影响，开花不整齐，花大小不一，柱头短，坐果率低，落果严重。而长期大量施用磷、钾肥，使得土壤的各种营养元素的平衡被打破，导致树势衰弱，产量和质量下降。因此，要做到合理施肥，平衡营养。氮肥于萌芽前、采果后施，磷钾肥于果实膨大期及 8 月、9 月份施。

（3）注意营养搭配　除在化肥使用上倾向于磷钾肥的外，还有的只重视氮、磷、钾 3 种养分，中微量元素肥料使用很少或不施，尤其是钙肥、硼肥等。

有机肥的使用也表现为种类单一。表现在大量而长期的使用鸡粪或某种有机肥，导致土壤营养不平衡，如鸡粪中含氮 1.6%、磷 1.5%、钾 0.8%，氮磷含量较多，但镁较缺乏。因此，施肥时，不但要注重大量元素的应用，而且不能忽视中微量元素如钙、硼等的使用。有机肥的施用要有多种畜禽粪便混合发酵，或交替施用各种有机肥。

（4）施肥方法要得当　部分果农施有机肥时，采用地面覆盖的方法，不进行沟施或深翻。由于根系的趋肥性，根系上移，变得越来越浅。因肥料施于表面，磷等不易移动的元素被树体吸收量减少。另外，在进行沟施肥时，施肥沟过浅，不足 20 厘米，而且施肥时不注意保护根系，往往切断或使根系受伤。

若采取地面撒施的方法，要在撒施后结合深翻将肥翻入土壤。沟施时，沟的深度要达到 40 厘米，诱导根系向深层扩展。深翻或挖沟时，锹面要与主干放射线平行，目的是减少施肥时对根系的损伤。

四、灌水与排水

1. 适时灌水

定植后 1~2 年生的小树要勤浇水、浇小水，土壤相对含水量低于 60% 时就浇水，即手捏 10 厘米深处的土壤只感到稍有湿意时就应浇水。一般年浇水次数在 10 次以上，其中 6 月底以前要浇 5~7 次，以保证幼树成活和正常生长。2~3 年生以后，正常年份年浇 5~6 次即可。

在樱桃年生长发育周期中，休眠期是需水少的时期，果实生长及新梢生长期是需水高峰期，所以给甜樱桃浇水，要根据生长发育中的需求特点和土壤墒情来进行。主要应注意浇好下面几次水。

（1）花前水 在发芽后到开花以前进行，以满足展叶开花的需要。这次浇水，还可降低地温，延迟花期，避过晚霜，增加结果枝上的叶面积，有利于花芽的形成，并关系到当年和下一年的产量。

（2）硬核水　在落花后、果实如玉米粒大小时进行。这一时期甜樱桃生长发育最旺盛，对水分的供应最敏感，浇水可促进果实发育，对果实的产量、质量都会有提高。

（3）采前水　在果实接近成熟前进行。此时是果实迅速膨大期，适期浇水可增产30%～70%。这次水浇晚了，果实成熟期将会不整齐，尤其对晚熟品种而言，果实膨大期至采收前经常灌小水，能明显地提高果实抗裂果能力。此期灌水宜灌小水，防止灌水过多，引起裂果。

（4）基肥水　秋施基肥后要浇一次透水，有利于根系对肥料的吸收，增加树体贮存营养，以利越冬和翌年生长结果。

（5）封冻水和解冻水　与封冻前浇一次封冻水，浇水量要以浇透、浇足为度。搞好保墒，增强树体越冬能力。每年春季解冻前后灌一次水，可有效地防止抽条等问题的发生，尤其冬季少雨雪、春旱风大地区尤为重要。

以上是正常年景的灌水要求，在雨水过多或过少的年份则需灵活掌握。如近几年，大连地区常出现6月、7月份雨水多，而到8月、9月份又会长时间无雨，加之高温、蒸腾量大，土壤处于干旱状态，此期就要及时灌水。

灌水的方法一般采用畦灌和树盘灌，对于有根癌病的地块，要求单株分别灌，以防止根癌病菌相互传染。在有条件的地方，还可以采用喷灌、滴灌和微喷灌。这些先进的灌水方式，不仅可以节省人工，节约用水，灌水均匀，还可减轻土壤养分流失，避免土壤板结等。

2. 及时排水

甜樱桃树对水分状况反映很敏感，不抗干旱也不耐涝，除要适时浇水外，还要及时排水。近几年来，在甜樱桃产区，降雨量极不均匀，非旱即涝。因此，因涝害死树的现象普遍发生，有些园片的树虽然没有涝死，但树势大衰，大大缩短了樱桃树的经济寿命。涝害对樱桃生产所造成的危害极大。所以说甜樱桃是不耐水渍的树种，园地必须建好排水系统，雨季注意排除积水。地下水位高、低洼地易积水的地方，需起高垄栽培。

3. 防涝措施

首先，根据地下水位的高低和自然与立地条件因地制宜地选用樱桃砧木，因为不同的砧木有其不同的特点，防涝能力亦不同；其次，在建园前要严格按防涝标准整地，即地面平整，四周挖有排水沟，并且纵向与横向排水沟相连接，使水排出地外。树盘周围的地面，应高于行间地面，最高点与最低点，高差一般为 10～15 厘米，以利于排水。

另外，开穴栽树的做法应该提倡，但松土层较浅，一般在 20～30 厘米的地块。在挖穴时，必须挖穴与穴之间相连接的纵横向沟，以解决死穴问题，防止局部涝害，一般沟的深度应比穴的底部深 10～15 厘米，然后回填，回填时，沟的底部可放一些作物秸秆。每年还应深翻扩穴，改良土壤，结合施一些有机肥，下部应用地表熟土或用结构松散的沙土回填，以提高透水性。

第八章 甜樱桃花果管理

一、提高坐果率的技术措施

甜樱桃是自花结实能力低的果树，为了提高坐果率，确保多结果，建园时除配置授粉树外，还应该做好人工授粉和利用访花昆虫以及辅助授粉。良好的授粉受精是提高坐果率的关键。

1. 人工授粉

人工授粉在开花当天至花后第四天进行，每天进行一次，一般在上午 9：00 至下午 15：00 授粉为宜。人工辅助授粉的方法有两种：一是用鸡毛掸子或毛团、球式（软气球）授粉器在授粉树及被授粉树的花朵之间轻轻接触授粉，如果结合用鼓风机吹风，则有利于花粉干燥和授粉；二是人工采集花粉，用授粉器点授。人工授粉的花粉来源是采集含苞待放的花朵，人工制备。人工授粉的具体做法是，将花药取下，薄薄地摊在光滑的纸盒内，置于无风干燥、温度在 20～25℃ 的室内阴干，经一昼夜花药散出花粉后，装入授粉器中授粉。采集花粉的时间，一是在自己棚里随时采随时用；二是用储存的甜樱桃花粉，即在上一个生长季的露地园采粉，采后阴干，阴干后随即装入硫酸纸袋内包好，袋外再装入干燥剂，用塑料袋包裹严密之后，放在 -20℃以下的低温条件下（冷库、冷冻箱）贮藏，贮藏花粉的条件是干燥、避光、低温（-20℃以下）。授粉时，从冷冻箱中取出花粉，在室温条件下放置 4 小时以上，再进行人工点授。

授粉器的制作方法是，在青霉素瓶盖上插一根粗铁丝，在瓶盖里铁丝的顶端套上 2 厘米长自行车胎用的气门芯，并将其端部翻卷即成。人工点授以花后的一两天效果最好。

2. 利用访花昆虫授粉

人工点授花粉虽然坐果率高，但是费时费工，保护地生产还应结合蜜蜂或壁蜂进行授粉。

（1）释放蜜蜂授粉　在甜樱桃初花期，果园放蜜蜂传花粉。在放蜂期间，若遇雪天或低温天气，蜜蜂不出巢采蜜，必须采取人工授粉的措施，保证授粉。

（2）释放壁蜂传粉　壁蜂也称豆小蜂，是人工饲养的一种野生蜂。其活动温度低，12～13℃即可出巢采集花蜜、花粉，15℃以上十分活跃，与樱桃开花温度相符合，适应性强，访花频率高，繁殖和释放方便。用壁蜂授粉时，蜂巢宜放在距地面 1 米处。每巢内放 250～300 支巢管。巢管用芦苇秆制作，或用牛皮纸卷制。管长 15～20 厘米，管壁内径为 0.5～0.7 厘米。在樱桃开花前一周，从冰箱内取出蜂茧放入温室内的蜂巢上。一般在放入后 5 天左右为出蜂高峰期，每亩放蜂量为 300 只左右。如果壁蜂破茧困难，可人工辅助破茧。在放蜂期间，避免喷施各种杀虫剂，以保证蜜蜂和壁蜂安全活动。

3. 提高坐果率的辅助措施

（1）花期喷施叶面肥 在盛花期喷布一次0.2%尿素加0.2%~0.3%硼砂液，可显著提高坐果率。花期喷硼能促进甜樱桃花粉发芽和花粉管的伸长，可提高花朵坐果率13%左右。

（2）花期喷赤霉素（920） 在盛花期前、后各喷布一次30~50毫克/千克的赤霉素液，有助于授粉受精，提高坐果率。赤霉素能增强植物细胞新陈代谢，加速生殖器官的生长发育，防止花柄或者果柄产生离层，对减少花果脱落、提高结实率具有明显的作用。

二、疏花疏果，合理负载

疏蕾、疏花与疏果可以使树体合理负载，减少养分消耗，有利于果实发育和提高果实品质。

1. 疏花芽

疏花芽在花芽膨大期至花芽开花之前进行，是将短果枝和花束状果枝基部的弱小及发育不良的花芽摘除的方法。疏花芽可以改善、保留花的养分供应，是提高甜樱桃单果重的有效措施。通过疏花芽，使每个花束状果枝上留3~4个饱满肥大的花芽，可以增大果个，提高果实品质。

2. 疏花

疏花是在花开后，疏去双子房的畸形花及弱质花，每个花芽以保留2~3朵花为宜。

3. 疏果

疏果是在疏花的基础上进一步提高果个大小的生产技术。疏果是在盛花 2 ~ 3 周后，即生理落果结束后进行。疏果应根据树体长势、负载量及坐果情况而定。主要疏除小果、畸形果以及光线不易照到而着色不良的下垂果，保留横向及向上的大果。通过疏果，可进一步调整植株的负载量，促进果实增大，提高果实含糖量。

三、促进果实着色和提高糖度

1. 转叶

短果枝上的果实被簇生叶遮住光线，不能正常着色，可在果实着色期将遮光叶片轻轻转向果实背面或摘除，增加果实见光量，促进果实着色。

2. 铺设反光膜

在果实膨大至着色期，在树冠下和后墙铺设银色反光膜，利用反射光，增加树冠下部和内膛果实的光照度，促进果实着色。另外，在不影响温度的前提下，适当早揭帘、晚放帘，尽量延长光照时间，促进果实着色。

3. 及时摘心

当新梢长至 15 ~ 20 厘米时要及时摘心，防止新梢与幼果争夺养分。

4. 施肥

落花后至果实成熟前，每隔 7 ~ 10 天叶面喷施绿兴 1 000 倍液或活力素等（或其他营养液）附加尿素

（0.3% ~ 0.5%）、磷酸二氢钾（0.3% ~ 0.5%）等，同时增施二氧化碳气肥。落花后每株树施尿素、复合肥 0.5 ~ 1 千克并适量灌水，可明显提高果实品质。

四、采前的果实保护

在我国甜樱桃主栽区，往往在果实成熟季节雨水较多，常使果实产生裂果现象，严重影响果实的商品价值。为避免裂果的发生，在果实着色开始期架设防雨帐篷，效果很好。果实生育期喷 2 ~ 3 次硅钙肥、果实膨大期至成熟前适量灌水，注意排涝，保持适宜稳定的土壤水分也可以防止或缓解裂果的发生。

保护地栽培的甜樱桃虽然避免了因降雨而导致的裂果，但不适合的灌水、过多施用氮肥及棚内湿度过大，仍会引起甜樱桃的裂果。为防止和减少采前裂果，应采取如下措施。

1. 保持土壤水分状况稳定

在果实生长前期，要加强水分管理，使土壤含水量保持在田间最大持水量的 60% 左右。灌水原则是少灌勤灌，不要等到干透再灌。

2. 降低棚内空气湿度

果实膨大至着色期，由于枝梢的生长发育，叶面积增大，树体蒸发水分增多，使棚内空气湿度变大，故应经常开启通风装置，通风排湿。放帘时，可稍留风口，不完全关闭，以降低夜间棚内湿度，还可在棚内多点放置生石灰来降低湿度。

五、赤霉素在花果管理上的合理应用

1. 促进芽眼萌发，增加叶丛枝生长量

利用赤霉素喷布枝条，可显著提高萌芽率，并使叶丛枝抽生叶片数增多，节间伸长，侧芽易于成花。使用方法为萌芽前用 10～20 毫克/升喷枝，或在展叶期用 5～10 毫克/升喷叶丛枝叶片及生长点。衰弱树、小老树可用赤霉素刺激其抽枝展叶，恢复树势。萌芽期用 10～20 毫克/升的赤霉素喷布，可使新梢生长变强旺。

2. 提高坐果率，促进果实生长

赤霉素类可在一定程度上提高坐果率。果实成熟前 20～22 天用 10 毫克/升赤霉素喷布可显著增加甜樱桃果实重量，在那翁上的试验结果表明，可使单果重量增大 30%～60%。但浓度过高则显著抑制果个增大，使果实着色差、成熟晚，品质变劣。在果实的第二次迅速膨大期喷布赤霉素，还可显著提高果实整齐度，其适宜的浓度为 10 毫克/升。

3. 增加果实可溶性固形物含量

在果实发育的第二次迅速膨大期，用 5～10 毫克/升的赤霉素喷布，可使果实可溶性固形物含量提高 11%～13% 以上，但高浓度的赤霉素则无此作用。

4. 改善果实着色

在果实第二次迅速膨大期用 5～10 毫克/升的赤霉素喷布，可明显改善甜樱桃着色。果实贮藏 10 天后，果面无凹

形木栓化点，果实外观品质明显提高。

5. 提高果实硬度，增强耐贮运性

果实成熟前 23 天，用 20 毫克/升的赤霉素处理，可显著提高甜樱桃果实的硬度。果实开始着色时，用 20 毫克/升赤霉素与 3.8% 氯化钙液处理果实，也可提高果实硬度，增加果实耐贮运能力，并明显延长货架寿命。

6. 调节成熟

花后 3 周，用 10 毫克/升的赤霉素喷布可延迟果实成熟。

7. 防止裂果

花后 3 周，用 10 毫克/升的赤霉素喷布，可减少裂果。果实成熟前 20 天用 5～10 毫克/升的赤霉素喷布，也可有效防止裂果。用 12 毫克/升的赤霉素加 3.4 克/升氯化钙混合液，自果实成熟前 24 天开始，每 3～6 天喷一次，可显著减少滨库品种裂果。

第九章 甜樱桃病虫害
绿色防控技术

甜樱桃病害的防治原则是预防为主，综合防治。近几年，随着甜樱桃栽培面积的逐年增加，尤其是老果树产区面临着病虫基数逐渐扩大，病虫新类型逐渐增加，防治难度也随之加大等问题。

使用化学药剂杀死或抑制病原生物，对未发生病虫害的甜樱桃植株进行保护，或对已发生病虫害的甜樱桃植株进行治疗，防治或减轻病虫害造成的损失，这种防治病虫害的方法称为化学防治。化学防治法作用迅速，效果明显，方法简便，易于操作，因此是甜樱桃病虫害防治的最常用方法之一。但化学防治采用的药剂大部分有毒，使用不当往往造成环境污染，破坏生态平衡，对人类健康造成危害。因此，甜樱桃病虫害防治的原则应以农业防治和物理防治为基础，生物防治为核心，按照病虫害发生规律科学地使用化学防治技术，有效地控制病虫为害。根据我国无公害果品生产标准，目前，甜樱桃园中禁止使用以下农药：甲拌磷、乙拌磷、久效磷、对硫磷、甲基对硫磷、甲胺磷、甲基异柳磷、水胺硫磷、特丁硫磷、甲基硫环磷、内吸磷、氧化乐果、活螟磷、磷铵、克百威、涕灭威、灭多威、杀

虫脒、三氯杀螨醇、滴滴涕、六六六、氯丹、林丹、氟化
钠、氟化钙、氟乙酰胺、福美砷及其他砷制剂。

一、甜樱桃病虫害发生概况

我国甜樱桃种植主要发生的病虫害有花腐痂、褐腐病、
丛枝病、疮痂病、穿孔病、干枯病、根癌病、根茎腐烂病、
流胶病、病毒病、果蝇、蚜虫类、介壳虫类、红颈天牛、
大青叶蝉、象鼻虫、潜叶蛾、桃斑蛾、李属坏死环斑病毒
等。其中发生较为严重的病虫有根癌病，几乎所有甜樱桃
均有不同程度的发生和为害，发病率高。根颈腐烂病在烟
台市病株率达85%；流胶病在全国樱桃产区普遍发生；果
蝇在甘肃天水、四川阿坝等地发生较重，虫果率10%～
40%；还有桑白蚧、李属坏死环斑病毒等也较为严重。

二、樱桃病虫害发生现状及防治工作中存在的问题

甜樱桃是阿坝州重点发展的特色水果品种之一，同时
也是全省、乃至全国关注的地震灾区代表性农产品。甜樱
桃以其色鲜味美、营养丰富，深受消费者喜爱，正在逐渐
形成展示阿坝州形象的重要品牌。从1987年开始引进试
种，经多年试验和推广，目前全州甜樱桃种植面积为2.99
万亩，主要栽培品种红灯。基地主要分布在汶川、理县、
茂县、九寨沟县、小金、金川等县，共有45个乡，119个
村种植。进入结果期的面积1.88万亩，占65%左右。全
州甜樱桃销售量3 400吨，实现年销售收入13 600万元
以上。

随着种植面积的扩大，加之异常气候影响，樱桃病虫害日趋严重，已严重威胁到甜樱桃产业的发展，制约果农增收致富，影响阿坝州的对外形象。据调查，阿坝州甜樱桃种植区发生的病虫害有流胶病、褐斑穿孔病、根腐病、根癌病、叶斑病、裂果、果蝇、桑白蚧、红颈天牛、梨小食心虫、红蜘蛛等，其中发生严重的有果蝇，汶川、理县、茂县、金川等县发生，面积1.59万亩，占种植面积的53.2%。较严重的有桑白蚧，汶川、理县发生，面积约0.56万亩；褐斑穿孔病，汶川、茂县等发生，面积约0.5万亩；流胶病，汶川、理县、茂县等发生，面积约0.25万亩；裂果病，汶川、理县、茂县等发生。

樱桃病虫害防治中存在如下问题。

1. 甜樱桃属新近发展起来的特色水果，目前国内对樱桃病虫发生规律及防治技术研究不多，可参考借鉴的资料甚少，加之本身研究的技术力量较弱，手段落后，给指导防治工作带来较大困难。同时，因种种原因，技术人员指导也不很到位。

2. 甜樱桃从结果到采收期时间较短，果农一般只注重结果期间的管理和病虫害防治，而其他较长生长期疏于管理，病残果、枯枝落叶、杂草长时间滞留田间，给病虫的滋生蔓延提供了温床。同时，果树缺少有效管理，树势逐渐衰弱，抗病虫害能力减弱，易遭病虫为害。

3. 果农在樱桃病虫害防治中，只注重化学防治，而不太注意农艺、生物、物理等综合防治措施，易造成药害及污染，且防治效果不够理想。

4. 果农防病虫意识和水平亟待提高，在病虫防治中，抱着侥幸心理，而一旦病虫发生为害，束手无策，造成损失。受文化水平和青壮年外出务工影响，果农接受新技术的能力有限，防治水平较低，影响防治效果。

三、樱桃病虫害绿色防控技术要点

（一）加强栽培管理，提高树体抗逆性

通过加强和改进栽培技术措施，营造不利病虫害发生的环境条件或直接清除病虫源。

1. 结合冬季修剪

彻底剪除病枯梢，清扫残枝落叶、杂草，刮除老、翘树皮，集中烧毁或深埋。这样就可消灭大量穿孔病、叶斑病、褐腐病、灰霉病、炭疽病、丛枝病的病菌孢子，以及桑白蚧、全缘吉丁虫、红、白蜘蛛、梨网蝽、苹小卷叶虫等害虫的卵、蛹、成虫。大大减少病虫发生的基数。

2. 合理修剪

改善园内通风透光条件。果园郁闭增加诱发穿孔病、叶斑病等叶部病害的概率，同时也为蚜虫的繁殖和猖獗提供有利条件。通过疏枝、短截、摘心、扭梢、拉枝等手段，做到植株及园内通风透光良好，不利于病虫害的发生。

3. 保护伤口

虫伤、机械伤口及冻伤最易感染流胶病、干腐病、木腐病等病菌，也是苹小卷叶虫的越冬场所。因此对树体产生的伤口要及早进行处理。对虫伤和机械伤口可涂抹铅油

或液体接蜡（松香6千克＋动物油2千克＋酒精2千克＋松节油1千克），或石硫合剂原液进行封闭、消毒、促进愈合，对冻伤和流胶病应先刮除冻伤及病部的树皮，然后涂抹石硫合剂原液。

4. 科学施肥

施肥与病虫害的发生密切相关，如苹果全瓜螨和二斑叶螨的繁殖能力随叶片中氮素含量增加而增长，树皮中钾的含量与树体抗腐烂病的能力呈正相关等。因此生产中应注意不要过量施用氮肥，以免引起枝叶徒长，诱发病虫。提倡配方施肥，适当增施磷、钾肥。增施有机肥，提高土壤通透性，改善土壤中的微生物群落，降低腐生菌基数。但所施有机肥一定要充分腐熟。不然易滋生蛴螬、地老虎等地下害虫。

5. 合理浇（排）水

较高的湿度通常是穿孔病、叶斑病、灰霉病、炭疽病、根癌病的诱发因素。因此果园浇水应避免大水漫浇，尽量采用滴灌、穴灌等措施。坚持多次少浇的原则，有效控制果园空气湿度。雨后及时排水，防止内涝。

6. 果园行间生草

增加天敌数量，维持各昆虫种群的合理比例。目前推广应用较多的是紫花苜蓿和三叶草，它可以增加草蛉、瓢虫、六点蓟马等天敌数量，有效控制蚜虫、螨类数量。

7. 树干涂白

一般于10月中旬开始，用石灰涂白剂（10份生石灰＋

2份石硫合剂 + 0.5份食盐 + 2份黏土 + 40份水)，在主干和大枝上涂白。涂白高度50~70厘米，不仅可以杀死在树皮下越冬的害虫，保护树干冬季不受冻害。同时阻止大青叶蝉上树产卵。

8. 覆地膜

早春树盘覆盖地膜（以黑膜为好），可有效阻止病虫上树，扰乱病虫的生活规律。

(二) 利用害虫习性，提高物理防治效果

1. 利用害虫的趋光性，安装杀虫灯

根据虫情预报，在红颈天牛、全缘吉丁虫、大青叶蝉及大多数鳞翅目害虫成虫发生期，于园内安装杀虫灯，每30~50亩安置一盏杀虫灯，距地面高度3米以上，可把大量雌成虫消灭在产卵之前，有效控制园内虫口密度。

2. 利用害虫的趋化性，于园内悬挂糖醋液瓶

要用广口瓶或塑料瓶，在苹小卷叶虫、金龟子、果蝇等成虫发生盛期进行，糖醋液瓶悬挂高度以树冠外围距地面1~1.5米为好。糖醋液配制：1份白酒 + 1份红糖 + 4份醋 + 16份水 + 少量有机磷杀虫剂（防治对象不同配料比例有所不同）。

3. 绑草把

利用害虫越冬场所的固定性，于越冬休眠前在树干、大枝杈处绑草把，可诱使螨类（蜘蛛）、椿象（茶翅蝽、梨网蝽、绿盲蝽）、介壳虫（草履蚧）等害虫大量在其中聚集越冬。早春害虫出蛰前将草清出园外、集中烧毁，既可大

量消灭越冬害虫，同时草把对树体越冬防寒起到保护作用。桑白蚧以受精雌成虫在枝干和枝条上越冬，早春可用硬毛刷刷除，对消灭越冬虫体效果很佳。

4. 振树捕杀

利用金龟子、全缘吉丁虫、大灰象甲的假死性，于早晨露水未干前。飞行能力弱的特点，在树下铺塑料膜，振动树体。使其飞落下来，收集起来集中消灭。另外，对红颈天牛成虫大量发生期，在中午和下午进行人工捕杀。对毛虫类、刺蛾类的卵块以及幼虫期群集为害的特点，及时剪除消灭，都会取得很好的防治效果。

（三）应用生物技术，坚定生物防治的核心地位

充分保护和利用天敌资源，合理开发性诱等生物技术。

（四）合理应用化学防治，做到有的放矢

化学药剂防治是目前甜樱桃病虫害防治采用的最主要和最简便的方法，也是果实中农药和有害物质残留的主要来源。因此在化学防治上要做到以下几点。

1. 正确诊断，对症治疗

要详细掌握本地区各类病虫的为害特征。正确诊断造成为害的病虫种类，从而做到对症下药。

2. 掌握病虫发生规律，适期用药

做好病虫的预测预报工作，掌握病虫的发生规律，找到其最不耐药和最易防治的时期用药，既节省财力、人力和物力，同时又能起到事半功倍的防治效果。

3. 科学使用农药，延缓病虫产生抗药性的时间

在达到经济防治指标的情况下，采用最低的浓度，最小的用量和最少的次数。科学、合理的搭配，混配药剂，尽量延缓病虫产生抗药性的时间。

四、樱桃主要病虫害防治技术

（一）樱桃果蝇

樱桃果蝇是阿坝州新发现的重要害虫，主要以幼虫蛀食成熟果实，严重影响果实品质，影响市场消费，造成经济损失。据 2003～2006 年调查，甜樱桃平均虫果率为21.5%，严重的达到 42.3%；中国樱桃平均虫果率为20.7%，严重的达到41%。随着甜樱桃产区挂果面积的扩大，樱桃果蝇已呈逐渐蔓延趋势，一旦暴发，将对甜樱桃产业带来不可估量的损失。樱桃果蝇的发生为害，已严重威胁到甜樱桃产业发展，影响果农增收致富。

1. 种类

樱桃果蝇在阿坝州属新发现害虫，2005 年经有关专家鉴定确认为黑腹果蝇和伊米果蝇，属昆虫纲，双翅目，果蝇科，果蝇属。其中在阿坝州主要为害优势种为黑腹果蝇，占95% 以上。

2. 分布

据调查了解，我国辽宁大连、山东烟台、河南郑州、甘肃天水及四川阿坝等地区的樱桃产区均有该虫为害，在美国、乌克兰等国家和地区也有发生。

截至 2010 年，樱桃果蝇在阿坝州汶川、茂县、理县、九寨沟、金川 5 县 19 个乡镇发生，其中以汶川、理县、茂县等 3 县 11 个乡镇发生最重。在中国樱桃（本地樱桃）上发生面积 1 135 亩，占种植面积 67.2%；甜樱桃发生面积 11 272 亩，占种植面积 48.3%。

3. 寄主

黑腹果蝇和伊米果蝇本是腐生性害虫，主要以腐烂的瓜果蔬菜为食，寄主极为广泛，从查阅大量文献资料看，多达 300 多种。通过田间调查和采集作物果实进行室内饲养观察，发现果蝇在阿坝州可为害樱桃（包括甜樱桃和本地樱桃）外，还可为害成熟的鸡血李、李子、青脆李、梅子、树梅、枇杷以及野生刺梅等新鲜果实，在腐烂的苹果、梨、蔬菜上腐生。

4. 传播途径

果蝇个体较小，飞翔能力较弱，远距离传播主要以幼虫或蛹随樱桃运输所致。

5. 为害特点

樱桃果蝇以幼虫蛀食成熟果实，其中以伤口果为害严重。成虫产卵于果皮下，卵孵化为幼虫后蛀入果实内取食为害，影响果实品质，为害严重的导致果实腐烂，造成严重经济损失。一般果实成熟度越高、果肉越软，受害越严重，果肉硬的品种受害率明显低于果肉软的品种；橙色（黄红色）受害最重，其次是红色品种，黄色品种受害最轻；果树迎风面受害轻，背风面受害重。果实成熟期多雨，裂果、病果发生严重的受害重，反之则轻。

从调查的结果看，2004～2010年甜樱桃平均虫果率为21.5%，最高虫果率达42.3%，对甜樱桃生产构成重大威胁。

6. 生物学特性

（1）形态特征

黑腹果蝇形态特征：

成虫：体小型，长4～5毫米，浅黄色；复眼砖红色。触角第3节椭圆形或圆形；触角芒羽状。中胸背板有11列刚毛，前5后6，无小盾前鬃，小盾鬃2行2列；胸部和腹部具较密黑褐色短毛。翅有时具2个黑斑，C脉有缘折2个；具臀室。雌、雄果蝇外观有明显区别。雌蝇体型较大，腹部末端稍尖，腹部背面有明显的5条黑色条纹，腹部腹面可见腹节6节，前足第1跗节无性梳；雄蝇体型略小，腹部末端圆钝，腹部背面有3条黑纹，前两条细，后1条甚粗且延伸至腹面，第4、第5腹部背面全黑色，腹部腹面可见腹节4节，前足第一跗节端部具一黑色性梳。

卵：椭圆形，白色，长约0.5毫米，腹面稍扁平，背面前端有2根触丝。

幼虫：共3龄，乳白色，蛆状，无胸足及腹足，每节有小型钩刺1圈。3龄幼虫长约4.5毫米，肉眼可见头部稍尖，有一黑点为口钩，稍后有1对半透明的唾腺。

蛹：梭形，前端有2个呼吸孔，后部有尾芽，蛹色起初淡黄，3～4天后变成深褐。

伊米果蝇形态特征：

成虫：体型较黑腹果蝇大，约为黑腹果蝇的3倍。雄成虫触角黄色。触角芒羽状，支刺为上6下3，复眼具浓密的粉状物，单眼点暗棕色，额宽，扁平，颜面、颊黄色，颊最宽处约复眼直径的1/3。具8列胸鬃，无小盾前鬃。前胸背板和小盾片暗黄褐色，足淡黄色，腹部暗黄色，基部4节端部具不连续的黑横带，第4节黑横带有时完整，第5腹节黑色；第1、第2胫节端部和端前部及第3胫节前部具鬃毛。前足腿节内侧具有1列楔形小齿列。

（2）生活史　果蝇一个世代分为4个虫态，即卵、幼虫（三个龄期）、蛹、成虫（图9-1）。据实验室人工饲养观察和田间观察得知，黑腹果蝇生活周期2~8周，在15℃以下，成虫基本停止发育进入越冬状态；第二年3月初气温回升到15℃、地温在5℃时，偶见成虫活动，当气温稳定在15℃以上，成虫开始活跃在生活垃圾上取食腐烂的瓜果、蔬菜，在18~20℃时开始产卵，雌虫产卵于腐烂水果或其他有机质中，肉眼难易辨别，卵24小时后孵化；幼虫共3龄，分别在孵化后24小时和48小时蜕皮，幼虫期约8天；蛹期分为前蛹期和蛹，共7天；完成一个世代16~20天。在25℃时，产卵当日即可进行孵化，完成一个生活周期仅需2周左右的时间（表9-1）。

2006年在室温（6月）条件下饲养完成一个世代所需时间为17~18天，16℃以下羽化困难，成虫活动不活跃。果蝇生活周期2~8周，在最适温度25℃时完成一个生活周期仅需10天时间，在18℃时完成一个生活周期所需时间则要翻倍,超过32℃停止产卵。

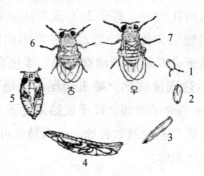

图 9 - 1 黑腹果蝇发育过程

注:1. 卵;2 龄幼虫;3 龄幼虫;4 龄幼虫

5. 蛹;6. 雄成虫;7. 雌成虫

表 9 - 1 黑腹果蝇各个虫态不同温度下发育历期 (天)

温度		卵期	幼虫期	蛹期	完成一个世代历期
15℃		2. 8 ~ 3. 1	14. 4 ~ 17. 1	11. 5 ~ 13. 0	28. 7 ~ 33. 2
	平均	3. 0	15. 3	11. 9	30. 2
20℃		1. 3 ~ 1. 9	7. 8 ~ 8. 5	6. 6 ~ 7. 1	15. 7 ~ 17. 5
	平均	1. 7	8. 2	6. 9	16. 8
25℃		0. 8 ~ 1. 2	4. 2 ~ 5. 3	3. 7 ~ 4. 4	8. 7 ~ 10. 9
	平均	0. 9	4. 6	4. 2	9. 7

(3)成虫习性 樱桃果蝇成虫为舔吸式口器,主要是舔吸水果汁液为食。对发酵果汁和糖酒醋液等有较强的趋向性。饲养条件下成虫可存活 24 ~ 40 天,不供食可存活 50 小时左右,不供水可存活 2 ~ 24 小时。生存温度为 8 ~

33℃，气温低于8℃成虫不在田间活动，多聚集于果壳、烂果幼虫取食后的孔穴内。高于33℃成虫陆续死亡，25℃左右最适宜。果蝇飞向距离较短，多在背阴和弱光处活动，多数时间栖息于杂草丛生的潮湿地里。雄虫羽化12小时，雌虫8小时后达到性成熟，雌虫交尾一次便可终身产卵。雌虫交尾后24小时可产卵，产于成熟果皮下1毫米处，一头雌虫一般每果产一粒或数粒卵，每天最多可产40粒，一生可产大约400粒卵。

7. 发生规律

（1）发生特点　根据温度、湿度、食源等综合因素分析，果蝇在汶川、九寨沟发生8～9代，茂县、理县发生7～8代。世代重叠，在同期内可能出现各种虫态。阿坝州进入4月份后，气温逐渐回升，黑腹果蝇开始进入果园活动，本地樱桃在4月底开始陆续成熟，果蝇在樱桃上产卵，但数量较少。进入5月后，气温回升较快，成虫大量飞入果园产卵为害，本地樱桃采摘结束后，果蝇转移到甜樱桃上继续产卵为害。6月底至7月初，所有的樱桃采收完毕，樱桃便转向其他寄主如枇杷、树梅、鸡血李等水果上生存繁衍。进入10月份，果蝇成虫数量逐渐减少，10底至11月初，汶川、理县、茂县等地气温下降快，成虫在田间消失，成虫数量骤减，进入越冬状态。据资料介绍，果蝇可以蛹、成虫、幼虫等虫态越冬，阿坝州2004～2007年在春季不同果园内淘土，未发现果蝇越冬蛹，故可以确定果蝇是以上述三种不同虫态在较温暖适宜的地方，如室内、圈舍及人类居住环境的周围、枯树叶、干杂草、烂果上、果壳内等越冬。

（2）发生期 2006～2009 年（2008 年因地震中断）开始进行系统监测，从 4 月 13 日开始，分别在汶川县威州（甜樱桃）、绵池（本地樱桃）、克枯（甜樱桃和本地樱桃）设立监测点，采用糖酒醋＋敌百虫液诱集成虫，每两天观察收集一次成虫，在解剖镜下进行确认是否为黑腹和伊米果蝇。4 月 17～21 日发现有果蝇进入果园活动（即果蝇始见期），4 月 26～30 日三个点均诱测到大量果蝇成虫。根据成虫诱集量和田间观察，4 月 30 至 5 月 2 日为果蝇在本地樱桃上的成虫发生高峰期，从开始发现进入果园到高峰期 10 天左右；4 月 30 日在甜樱桃果园诱集到果蝇（即始见期），5 月 19～21 日为甜樱桃成虫发生高峰期，从开始发现进入果园到高峰期 20 天左右，两种樱桃上发生高峰期不同，因樱桃生育期不同所致。4 月 26 日进入高峰期后，持续时间较长，一直伴随着本地樱桃采摘后才逐渐消退。4 月 30 日左右在成熟度很高的本地樱桃上发现有少量第一代幼虫出现。当汶川县河坝地区本地樱桃采收结束后，正是甜樱桃果实开始转色时期，5 月 6～9 日，在甜樱桃果园诱集到少量成虫，证明只要本地樱桃结束后，樱桃果蝇会很快转移到其他寄主上，而甜樱桃正好是最好的营养补充，成了果蝇最佳的产卵场所，故而近几年随着甜樱桃种植规模的扩大，果蝇的发生量和发生地区也越来越大（图 9－2）。

果蝇在果园内发生的始见期和高峰期应根据樱桃成熟时间来定，由于气候、环境等因素的影响，每年的发生时间有一定的差异。据资料介绍，伊米果蝇较黑腹果蝇耐低温。在监测时首先诱集到的也是伊米果蝇，因此伊米果蝇发生较早，黑腹果蝇发生较晚，两种果蝇混合发生。在樱桃果实着色之前，生果不能成为果蝇的食物，食源条件差，果蝇发生少，并不造成为害。樱桃进入成熟期后，果皮变软，果蝇有合适的食源，便在樱桃鲜果上产卵，孵化为幼虫为害，随着采收，樱桃逐渐减少，果园内的果蝇数量随之下降。樱桃采收后，树上残次果和树下落地果腐烂，有着丰富的食源，又会出现盛发期，而随着残次果及落地果的逐渐消失，虫口又随食源的减少而下降，随即转入其他寄主进行为害（图9-3、图9-4）。

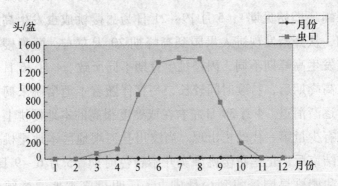

图9-2　2007年汶川县菜市场果蝇周年发生监测示意图

8. 预测预报

根据近年研究结果，樱桃果蝇预测预报可采用以下两种方法。

（1）诱集法　一是4月中旬在樱桃果园内挂糖酒醋液瓶（盆），两天观察一次，当诱集到果蝇后5~10天进行大田防治。二是开春后气温稳定通过15℃以上时在农贸市场和垃圾场所进行诱集，当诱集到大量成虫时，即开始药剂处理，消灭成虫，减少成虫进入果园的数量。

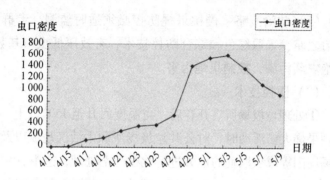

图 9 - 3　2007 年中国樱桃果园诱集果蝇情况统计图

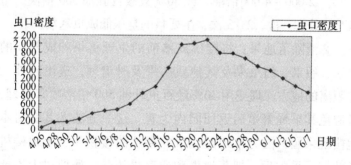

图 9 - 4　2007 年甜果园诱集果蝇情况统计图

（2）物候法　观察樱桃果实颜色，当果实开始泛黄时，即开始防治。

9. 调查方法

选择不同类型的田块，五点取样，每点选一株树，每株树东西南北中各随机摘取 100 颗樱桃（树大可酌情多取），在盐水中浸泡观察果蝇为害情况，统计为害率。浸泡时间中国樱桃30分钟以上，甜樱桃2小时以上。

10. 综合防治技术

（1）防治策略　樱桃果蝇防控必须适时监测，走群防群治之路，采取绿色和综合防控技术，有效压低虫口基数，杜绝农药污染，控制果蝇为害。

（2）防控技术

①处理垃圾场所。开春后，当温度回升至15℃以上，监测到果蝇大量活动时，对公共垃圾场所和生活区垃圾以及菜市场周围等成虫取食的地方进行化学药剂处理，选用20%灭蝇胺（潜克、美克）800倍液，或2.5%高效氯氰菊酯乳油（功夫）2 000～4 000倍液，或50%敌敌畏乳油500倍液，每隔5天处理一次，2～3次，主要目的是压低成虫基数。

②清除落地果：将樱桃成熟前的生理落果和成熟期的落果、裂果、病虫果及其他残次果及时清理，送出园外一定距离的地方深埋或用30%敌百虫乳油500倍液喷雾处理，可避免其果蝇繁殖后返回园内为害。这一方法尤其针对本地樱桃果园，因为本地樱桃成熟期比甜樱桃早，本地樱桃成熟期及采收后，把落地果和残存果清除，残留树上不能清除的果实，采取喷药处理，这样可有效降低虫口基数，减轻其进入甜樱桃果园为害。

③熏杀成虫：在樱桃生长期，成虫产卵期间，将苦蒿、艾叶晾至半干，在轻微风的天气傍晚上风处堆积生火熏烟后，再以树叶覆盖，使其产生浓烟，熏杀或驱赶成虫效果很好，但大风或无风日效果较差。

④诱杀成虫：

a. 糖酒醋液诱杀：利用果蝇成虫对发酵果汁和糖酒醋液的趋向性，用敌百虫∶红糖∶醋∶果酒∶清水 = 0.1∶1∶1∶1∶2 配制成诱饵液。即：敌百虫 50 克∶红糖 500克∶醋 500 克∶果酒 500 克∶清水 1 000 克对成药液。对好药液后，盛入塑料盆内，每盆约 500 克，每亩挂 10～15 盆（最好是能在盆上加遮盖板）诱杀成虫；或用废饮料瓶上半部打孔（孔径约 0.8 厘米），盛药液 1/3～1/2，再根据诱集瓶的大小确定亩挂 20～40 瓶。药液盆（瓶）视其情况下风口多挂。药液盆（瓶）多数悬挂于接近地面处，少数悬挂于距地面 1 米和 1.5 米处。定期清除盆内成虫，每 5～7 天更换一次诱饵。虫多或多雨时可视情况加液，确保毒饵充足。

b. 腐烂果诱杀：根据成虫趋性，在樱桃果实开始着色时，将香瓜、菜瓜从中剖开或柚果皮等，在糖酒醋液中浸泡数小时后，悬挂在树冠中，每株 2～4 处。也可将腐烂瓜果堆在树下，淋透糖酒醋液进行诱杀，用烂香蕉加牛奶然后加敌百虫效果也很好。

⑤化学防治：

a. 树上防治：在樱桃园挂糖酒醋液防治的同时，树上喷施云菊 5% 天然除虫菊素乳油 1 000～1 500倍液 1 次，10天后重喷 1 次，每株树重点喷施内腔部分。

b. 地面防治：采取树上防治的同时，首先将园内及周边杂草、清除干净，铲除果蝇栖息场所。如未清除则在果园地面、地埂杂草丛生处，喷施无公害杀虫剂 1 次，隔10

天重喷上述药剂 1 次。所选农药有 2% 阿维菌素乳油 4 000 倍液，4.5% 甲蟀净乳油 1 500 倍液，40% 乐斯本乳油，20% 灭蝇胺 800 倍液。喷施时仅喷杂草丛生处，无草地面可不喷施。

⑥统防统治：根据樱桃种植品种、环境和小气候特点，以村组为单位，统一时间、统一方法、统一药剂，各项措施统一实施。

⑦适时采收：樱桃成熟后及时采收，避免果蝇为害。

总之，前期的综合防治很关键。树种越多防治越困难，樱桃结束就迁飞到其他树种上转移为害了。

(二) 桑白蚧

桑白蚧属同翅目，盾蚧科。分布于全国各产区。主要为害樱桃、柿、桃、杏、李等核果类果树的枝干。

1. 为害特点

若虫和雌成虫群集在枝干上刺吸汁液，被害枝条被虫体覆盖呈灰白色，也为害果、叶。削弱树势，重者导致树枯死。

2. 形态鉴别

成虫：雌虫无翅，体长 0.9 ~ 1.2 毫米，淡黄色至橙黄色；介壳近圆形，直径 2 ~ 2.5 毫米，灰白色至黄白色；雌虫只有 1 对灰白色前翅，体长 0.6 ~ 0.7 毫米，翅长约 1.8 毫米；介壳白色细长，长 1.2 ~ 1.5 毫米。卵：椭圆形，橘红色。若虫：淡黄褐色，扁椭圆形，常分泌棉毛状物覆盖在体上。蛹：仅雄虫有，长椭圆形，长约 0.7 毫米，橙黄色。

3. 发生特点

年发生2~5代，北方2代，南方3~5代，均以受精雌成虫在2年生以上枝条上群集越冬。翌春樱桃树萌芽时，越冬成虫开始为害，4月下旬至5月中旬产卵，每头雌虫可产卵数百粒。5月中下旬初孵的若蚧分散爬行到枝条背阴处取食，并固贴在枝条上分泌棉毛状蜡丝，形成介壳，第1代若虫期40~50天，6月下旬至7月上旬第1代成虫羽化，成虫继续产卵于介壳下，卵期10天左右。第二代若虫发生在8月，若虫期30~40天，9月出现雄成虫，雌虫为害至9月下旬后越冬。该虫以群集固定为害为主，吸食树体汁液。卵孵化时，发生严重的樱桃园，植株枝干随处可见片片发红的若蚧群落，虫口难以计数。介壳形成后，枝干上介壳密布重叠，枝条灰白色，凹凸不平。被害树树势严重下降，枝芽发育不良，甚至死亡。

4. 防治要点

（1）农业防治　冬春季枝条上的雄虫介壳很明显，可用硬毛刷等刷掉越冬雌虫或剪除虫体较多的辅养枝，刷后石灰水涂干。

（2）药剂防治　①冬前及春季果树发芽前，用3~5波美度石硫合剂涂刷枝条或喷雾，或用5%柴油乳剂或99%绿颖乳油（机油乳剂）50~80倍液喷雾消灭越冬雄成虫；②5月中下旬若虫孵化期，用48%乐斯本乳油或52.25%农地乐乳油、10%氯氰菊酯乳油2 000倍液，25%扑虱灵可湿性粉剂1 000~1 500倍液、50%杀螟硫磷乳油

1 000倍液等喷雾。

（三）樱桃裂果病

1. 病因

为生理性病害，自然因素影响所致。

2. 症状鉴别

果皮开裂露出果肉，主要有横裂、纵裂和三角形裂3种方式。果实开裂后，失去商品价值，并易招致霉菌侵染而发病。

3. 发病规律

裂果主要发生在果实膨大期。由于水分供应不均匀，或后期天气干旱，突然降雨或灌水，果树吸水后果实迅速膨大，果肉膨大速度快于果皮膨大速度而造成果裂。土壤有机质含量低、黏土地、通气性差、土壤板结、干旱缺水的情况，裂果发生重。

4. 防治要点

（1）农业防治 改良土壤，增施有机肥；地面覆草，涵养土壤水分；合理适时浇水，避免果园大干大湿。果实膨大期地面覆膜，控制土壤吸水量。

（2）人工防治 果实成熟期遇雨后及时抢摘。

（3）药剂防治 对于历年裂果较重的果园，在未出现裂果前，喷施浓度为0.03%的氯化钙水溶液或0.2%的硼砂水溶液，可减轻裂果病的发生。

（四）樱桃褐斑穿孔病

1. 病原

有性态为子囊菌门樱桃球腔菌；无性态为半知菌类核果假尾孢菌。主要为害嫩梢和叶。

2. 症状鉴别

叶面上病斑呈圆形或近圆形，略带轮纹，直径大小 1～4 毫米，中央灰褐色，边缘紫褐色，病部生灰褐色小霉点，后期散生的小霉点，后期散生的病斑多穿孔、脱落，重者造成落叶。

3. 发病规律

病菌主要以菌丝体或子囊壳在病残落叶上或枝梢病组织内越冬，翌年产生子囊孢子或分生孢子，借风雨或气流传播。6 月开始发病，8 月、9 月进入发病盛期。温暖、多雨的条件易发病；树势衰弱、郁蔽严重、湿气易滞留的果园发病重。

4. 防治要点

（1）农业防治 冬、春季彻底清除果园残枝落叶，剪除病枝集中烧毁。

（2）加强果园管理 合理修剪，保持果园通风透光良好，雨季及时浇水和排水，防止湿气滞留；增施有机肥料，及时防治病虫害，增强树势，提高抗病能力。

（3）药剂防治 展叶后及时喷洒 1∶1∶200 倍式波尔多液或 40%百菌清悬浮剂 600 倍液、50%苯菌特可湿性粉剂 800 倍液、70%代森锰锌可湿性粉剂 500 倍液，也可用硫酸锌 1 千克，消石灰 4 千克对水 240 千克配成的硫酸锌石灰液喷洒防治。

（五）流胶病

1. 樱桃树真菌性流胶病

（1）病原　为子囊菌门茶藨蔗子葡萄座腔菌，主要为害枝和干。

（2）症状鉴别　病部枝干皮层呈疣状隆起，或环绕皮孔出现凹陷病斑，从皮孔渗出胶液，形成半透明稀薄而有黏性的瘤状凸起物，旱天质硬，阴雨天膨胀为陈状胶体。病斑扩展，侵染点增多到绕枝干一周后，病斑上部枝干常枯死。在枯死的枝干上可见到许多小黑粒点状物。

（3）发病规律　病菌以菌丝体、子座和分生孢子器在病部越冬，并可在病枝上存活多年。天气潮湿时从分生孢子器逸出块状的分生孢子角，里面含有大量的分生孢子。分生孢子的生成量，新病枝较老病枝多。分生孢子靠雨水分散、传播到枝干上，萌发后从皮孔或伤口侵入。

（4）防治要点

①农业防治：选择地势高、透水性好的沙质壤土地建园；避免重茬栽植樱桃树；加强栽培管理，增强树势，提高抗病能力；冬季或早春按结 1 千克樱桃果施入 2～3 千克有机肥的比例，开沟施入樱桃树根际；生长季节适时追肥浇水；冬春防冻害，减少伤口，修剪时将树上病枯枝剪除烧掉，减少越冬菌源。

②药剂防治：樱桃树萌芽前全树均匀喷布 50% 代森锰锌可湿性粉剂 600～800 倍液，以消灭树皮浅层的流胶病菌。樱桃树生长期间，用 70% 甲基硫菌灵可湿性粉剂 700 倍液

或 50% 多菌灵可湿性粉剂 600 倍液、75% 百菌清可湿性粉剂 500 倍液等喷布枝、干。

2. 樱桃树生理性流胶病

（1）病因　为生理性病害。

①各种伤口引起的流胶，如霜害、冻害、病虫害、雹害及机械伤等。

②栽培管理不当引起的流胶，如施肥不当，修剪过重，结果过多，栽植过深，土壤黏重，土壤酸碱度等原因，引起树体生理失调，而导致流胶病的发生。主要为害主干和主枝丫杈处、小枝条，果实也可被害。

（2）症状鉴别　主干和主枝受害初期，病部稍肿胀，早春树液开始流动时，日平均气温 15℃ 左右开始发病，5 月下旬至 6 月下旬为第 1 次发病高峰，8 ~ 9 月为第 2 次发病高峰期，以后随气温下降，逐步减轻直至停止。从病部流出半透明黄色树胶，尤其雨后流胶现象严重。流出的树胶变为红褐色，呈胶胨状，干燥后变为红褐色至茶褐色的坚硬胶块。病部易被腐生菌侵染，使皮层和木质部变褐腐烂，致树势衰弱，叶片变黄、变小，严重时枝干或全株枯死。果实发病，由果核内分泌黄色胶质，溢出果面，病部硬化，严重时龟裂，不能生长发育，无使用价值。

生理性流胶与真菌性流胶病的区别为：树皮开裂渗出胶液，流胶量大而多，胶液下病斑皮层变褐坏死。

（3）发病规律　一般在 4 ~ 10 月发病，雨季、特别是长期干旱后偶降暴雨，流胶病严重。树龄大的树流胶严重，幼龄树发病较轻。果实流胶多由虫害引起，椿象为害重果实流胶也重。沙壤和砾壤土栽培流胶病很少发生，而黏壤土和肥沃土栽培流胶病易发生。偏施氮肥、负载量过大、地势低洼、雨季排水差、涝害等因素影响发病重。

（4）防治要点

①加强樱桃园的管理，增强树势：增施有机肥，合理施氮肥，低洼积水地注意排水；酸碱土壤适当施用石灰或过磷酸钙，改良土壤，盐碱地要注意排盐；合理修剪，修剪在休眠期进行，减少枝干伤口；越冬前树干涂白，预防冻害和日灼伤，避免连作。

②防治树干病虫害：及时防治树上的害虫如介壳虫、蚜虫、天牛、食心虫等。

③药剂防治：a. 早春发芽前将流胶部位病组织刮除，伤口涂45%晶体石硫合剂30倍液，然后涂白铅油或煤焦油保护；b. 树体喷洒50%甲基硫菌灵·硫黄悬浮剂800倍液或50%多菌灵可湿性粉剂800倍液、50%异菌脲可湿性粉剂1 500倍液等；c. 于花后和新梢生长期各喷一次0.01% ~ 0.1%的矮壮素液，促进枝条早成熟预防流胶。

（六）樱桃树腐烂病

1. 病原

有性态为子囊菌门的日本黑腐皮壳菌，无性态为半知菌类核果壳囊孢菌。主要为害枝、干。

2. 症状鉴别

枝干染病后病斑与健部交界处明显，起初稍凹陷，可见米粒大小的流胶，其后病部树皮腐烂、湿润，呈黄褐色，并有酒精气味；病斑纵向扩展比横向快，并深达木质部，病部干缩凹陷，病斑表面有时出现许多小黑点，此为病菌的子座；当病斑扩展包围病树或小枝基部主干一周时，导致主干或枝条死亡。

3. 发病规律

病菌寄生性很强，对树势健壮的樱桃树为害较轻，在衰弱和垂死的树皮上扩展快。病菌在树干病组织中越冬，借风雨和昆虫传播，病菌从树干（枝）伤口或皮孔侵入，树皮染病后病部常发生流胶现象。第 2 年 3 ~ 4 月份分生孢子萌发，5 ~ 6 月份是病害发展的高峰期，春、秋两季病疤扩展较快，高温对病害的发展有抑制作用，11 月份逐渐停止扩展。冻害造成的伤口及其他农事操作造成的伤口是病菌侵入的主要途径，凡是能导致樱桃树抗寒性降低的因素，如负载量过大，施用速效肥过多，磷、钾肥不足，地势低洼，土壤黏重，雨季排水差等不利于樱桃树生长的条件，都可诱发腐烂病的发生。

4. 防治要点

（1）农业防治 加强栽培管理，增强树势，提高抗病能力；合理修剪，修剪后要用杀菌剂涂抹剪锯口；晚秋用石灰水涂干，或在树的主干上缠草绳，防止樱桃树受冻害，以减轻冻害的发生。

（2）药剂防治 该病初期症状不明显，早春要细心查找，发现后用刀先将病疤刮除，再用 47% 加瑞农可湿性粉剂 100 倍液或 70% 甲基托布津可湿性粉剂 50 倍液、45% 晶体石硫合剂 30 倍液、1 : 0.5 : 100 倍式波尔多液、50% 腐霉利可湿性粉剂 100 倍液涂抹伤口，消毒保护。因樱桃树易流胶，所以在刮除病疤涂药治疗后，最后再涂一层植物或动物油脂类的伤口保护剂。

（七）樱桃树根癌病

1. 病原

为土壤野杆菌属根癌土壤杆菌，又名樱桃树根部肿瘤病。主要为害根系和干。

2. 症状鉴别

肿瘤多发生在表土下根茎部和主根与侧根连接处或接穗和砧木愈合地方。瘤体椭圆形或不规则形，大小不一，直径为 0.5～8 厘米。幼嫩瘤呈淡褐色，表面粗糙不平，柔软海绵状；继续扩展，瘤体外层细胞死亡，颜色逐年加深，内部组织木质化形成较坚硬的瘤。染病的苗木，根系发育受阻，细根少，树势衰弱，病株矮小，叶色黄化，提早落叶，严重时造成全株干枯死亡。

3. 发病规律

根瘤细菌是一种土壤习居菌，在土壤未分解病残体中可存活 2～3 年，随病残体分解而死亡，单独在土壤中只能存活 1 年，通过雨水、灌溉水及地下害虫、修剪工具、病残组织、带菌土壤等传播，带菌苗木和接穗作远距离传播。从修剪、嫁接、扦插、虫害、冻害或人为造成的伤口处侵入。肿瘤一般先从根部皮孔处凸起，逐渐增大，为害严重时，与根对应的主枝易枯死；幼树主干如遭受冻害或病虫伤及机械伤也易形成肿瘤。降雨多、田间湿度大、受冻害重、地势低洼、碱性土壤易发病。

4. 防治要点

（1）选用无病壮苗 不在有病苗圃地育苗，选用无病砧木和接穗，培育无病苗木；禁止从病区调苗。选用无病苗木是控制该病蔓延的主要途径。

（2）农业防治 加强管理，增强树势，提高抗病能力，适当增施酸性肥料，使土壤呈微酸性，抑制其发生扩展，根茎周围替换无菌土。

（3）栽前苗木处理 根癌病重病区，定植前可用土壤杆菌 k84 菌液浸根 30 分钟或 1% 硫酸铜液浸根 10 分钟、30% 石灰乳浸根 60 分钟后定植。

（4）药剂防治 扒开根茎部土壤，切掉病瘤刮净，伤口用 2% 的 402 杀菌剂乳油 100 倍液消毒，或涂抹石硫合剂、波尔多液保护，或用土壤杆菌 k84 菌液灌根。连续防治可使病害得到控制。

五、农药的合理使用及常用农药的配制

1. 农药的合理使用

（1）药害的发生与预防 在甜樱桃病虫害防治过程中，药剂使用不当极易产生药害。产生要害的原因是多方面的。

①药剂种类不同，产生要害的情况也有所不同。一般无机杀菌剂最易产生药害，有机合成的杀菌剂和抗菌素不易产生药害，但有机磷对甜樱桃极易产生药害，植物性杀菌剂不产生药害。同一类药剂中，药剂的水溶性强弱与药害产生密切相关，水溶性强的，发生药害的可能性大。药

剂的悬浮性好坏与药害发生也有关系，悬浮性差的在水中易沉降，若搅拌不匀，喷布时易发生药害。

②不同品种、不同生长发育阶段产生药害的程度也不相同。凡是叶片气孔少、开张小、叶片蜡质层厚、叶片茸毛多的不易产生药害。植株生长发育的幼苗期、花期、叶片展开初期抗药性均差，而生长季中后期老熟叶片抗药性强。休眠期抗药性最强。

③使用方法和环境条件也与药害发生有关。如使用浓度过高、用药量过大、喷布不均、多种农药混用、连用等均易发生药害。高温条件下，药剂化学活性强，植物代谢旺盛，易发生药害，且高温、强光照、有风时，药液喷到植株表面后水分快速蒸发，药滴浓缩产生药害。湿度过高时，有利于药剂的溶解和渗透，易发生药害。因此，对一种不熟悉的药剂或几种药剂混合施用前，要先做小范围试验，以确定是否可用及使用的浓度。

另外，杀虫剂为有毒剂，对人、畜及其他有益动物也会有一定影响。过去使用的许多农药有的化学稳定性极强，能长期存在于水中、土壤和生物体内，并能在生物体内积累和浓缩，因此，可产生积累中毒现象。有的药剂还能随食物链传播，造成处于食物链顶层的生物间接中毒。有些药剂属剧毒性，能对人、畜造成直接中毒，所有这些药剂，均应禁止使用。

在自然条件下，虫害的天敌可以控制害虫，不致造成大的灾害。而如果使用了某种农药后，这种农药大量杀伤天敌，而对害虫杀伤力小时，会使这种害虫变得空前猖獗，这种化学防治和生物防治间的矛盾，生产上可谓比比皆是，许多过去不是防治对象的害虫，逐渐变成主要防治对象，即是典型的例子。

总之，在应用化学药剂防治病虫害时，既要保证良好的防效，又要尽量避免或减轻药害和毒害的发生。

（2）抗药性的产生及防止 由于长期使用单一的农药在同一地区同一果园内防治某种病虫，经过一定时间，药效明显下降，甚至无效，即病原物对该种药剂产生了抗药性。这是当今果园病虫采用化学防治的一个严重问题。在生产过程中，为了保持药剂的效力，一方面是增加药剂的施用量，另一方面是不断增加施药次数，这不仅使生产成本大幅度提高，而且加重了农药对环境的污染。

病虫产生抗药性的原因很多，主要原因有两方面：一是连续使用一种药剂，诱导病原物产生变异，出现了抗药的新类型；二是药剂杀灭了病原物中的敏感类型，保留了抗药类型，改变了病原生物的群落组成，药剂对病原物的自然突变起了筛选作用。

病原物的抗药性还存在"交叉抗性"，即病原物对某种药剂有抗性后，对作用机制相同或其毒性基因结构相似的其他药剂也有抗性。施用无选择性广谱、内吸性的杀虫、杀螨、杀菌剂，是导致主要病虫产生抗药性的主要因素之一。几乎所有的病虫种类都能产生抗药性。病虫一旦产生抗药性以后，依赖化学农药进行防治的策略，即宣告失败。

因此，在使用药剂防治病虫时，必须贯彻"预防为主，综合防治"的方针，不能连续使用同种或同类药剂，提倡不同药剂的交替使用、混合使用、应用增效剂等，这是防止病虫产生抗药性的有效方法。

（3）农药的合理使用　合理使用农药是病害防治的关键。有效、经济、安全是病害防治的基本要求，也是合理使用杀菌剂的准则。

①注意药剂防治与其他防治措施的配合：在甜樱桃病害防治中，绝不能完全依赖药剂防治，药剂防治虽然快速、高效，但绝不是唯一的方法，更不是万能的，只有把它纳入病害综合防治的体系中，与其他防治措施密切配合，方能发挥化学防治的作用，取得事半功倍的效果。

②轮换用药：一个地区，一个果园，切忌长时期施用单一的或作用、性能相似的农药，以打断病虫种群中抗性种群的形成。最好是选用作用机制不同的几个农药品种，轮换交替使用。如杀虫剂中的有机磷、菊酯类、氨基甲酸酯、有机氮、生物制剂、矿物油、植物杀虫剂等几大类制剂，其作用机制各不相同。在杀菌剂中，内吸杀菌剂容易产生抗药性，如抗生素和苯并咪唑类，属特异性抑制剂。而非内吸性的硫黄制剂和铜制剂与代森类，皆属多位点抑制剂，两种类型轮换施用，是较好的组合。

③混合用药：在甜樱桃园的生产管理中要使用多种杀菌剂、杀虫剂、生长调节剂、化肥等，为了提高药效，减少喷药次数，常将两种或几种药剂、化肥混合使用，用两种或两种以上作用方式和机制不同的药剂混合施用，可以避免、减缓病虫抗药性的产生和发展速度。如灭菌丹与多菌灵混用、代森铵与甲霜安混用、菊酯类与有机磷混用、矿

物油与有机磷混用等，都是较好的混用方案和组合。

复配混用制剂必须符合以下5点要求：第一，扩大防治对象，一药多用，减少施药次数；第二，具有增效作用；第三，延长新老农药品种的使用年限；第四，降低防治成本，减少防治费用；第五，有利于克服和延缓病虫抗药性的产生和降低农药的毒性。目前在混配上，可采用杀菌剂与杀菌剂混配，如甲霜安与代森锰锌复配成毒霉锰锌，兼有内吸治疗和保护的效果，还有大生M45与多菌灵复配等；杀虫剂与杀虫剂混配；杀菌剂与杀虫剂混配等，而且有些杀菌剂对害虫体内的酶也有抑制作用，对杀虫剂起增效作用。

④对症下药，适期喷药：防止"有病乱投医"、不了解病因胡乱用药。一定要了解农药的防治对象，根据防治对象，选择最有效的药剂对症下药。弄清甜樱桃各种病虫害的发生规律，根据药剂性能和病害发生、发展的规律及天气状况，制定适宜的用药时期和次数，找到其最不耐药和最易防治的时期施药，才能达到最佳防治效果，又可避免和延缓害虫抗药性的产生。

⑤合理确定用药量和施药次数：在达到经济防治指标的情况下，要采用最低的浓度、最少的用量和最少的次数。尤其新农药，往往防效较佳，更不能采用高浓度或对其过分依赖，否则会很快产生强的抗药性，施用准确的有效剂量，是延缓抗性产生、提高防治效果、节约成本的一个有效途径。

⑥改进施药技术：药剂的使用水平直接影响防治效果。

改进喷雾技术，仔细、周到、高标准喷药，提高用药质量，尽可能地使药液接触到靶标对象，并使之均匀周到。尽量利用药剂涂干，防治蚜虫等刺吸式害虫及枝干性病害等方法，也是避免抗性产生和节约成本的一项重要措施。

2. 常用农药的配制与使用

（1）石硫合剂：石硫合剂是一种兼有杀螨、杀虫、杀菌作用的强碱性无机农药，多作为铲除剂在甜樱桃发芽前喷用。以前生产上多用 3 ~ 5 波美度石硫合剂于发芽前喷施，对于病虫发生较严重的樱桃园建议早春用 10 波美度以上的石硫合剂喷施，时间上要早一些。最好应用自己熬制的原液。

①性状：石硫合剂是石灰硫黄合剂的简称，俗称硫黄水，是由生石灰、硫黄粉作原料加水熬制而成的枣红色透明液体（原液）。有臭鸡蛋味，呈强碱性，对皮肤和金属有腐蚀性。

②作用特点：石硫合剂是一种无机杀菌兼杀螨剂，其中有效成分为多硫化钙，有渗透和侵蚀病菌细胞壁和害虫体壁的能力。多硫化钙化学性质不稳定，易被空气中的氧气、二氧化碳分解。原液一经加水稀释便发生水解反应，生成很细的硫黄颗粒，使稀释液浑浊。喷洒在树体表面，短时间内硫化钙有直接杀菌和杀虫作用，很快与氧、二氧化碳及水作用，最后的分解产物硫黄仅有保护作用。

③熬制方法：常用的配方比例是生石灰 1 份、硫黄粉 2 份、水 10 份。先把优质生石灰放入铁锅中，用少量水

使生石灰消解，待充分消解成粉末后加足水量。生石灰遇水发生剧烈放热反应，在石灰放热升温时，再加热石灰乳，至近沸腾时，把事先调成糊状的硫黄浆沿锅边缘缓缓地倒入石灰乳中，边倒边搅拌，并记下水位线。用强火煮沸 40 ~ 60 分钟。待药液熬成枣红色，渣滓呈黄绿色时，停火即成。用热水补足蒸发所散失水分。冷却后滤除残渣，就得到枣红色的透明石硫合剂原液。在熬制过程中，如果由于火力过大，虽经搅拌，锅内仍翻出泡沫时，可加入少许食盐。

熬制方法和原料的优劣都会直接影响药液的质量。如果原料质优，熬煮的火候适宜，原液可达 28 波美度以上。因此，要求最好选用白色块状、轻质的生石灰，硫黄以硫黄粉较好。

④稀释浓度的计算方法：石硫合剂的有效成分含量多少与相对密度（比重）有关，通常用波美比重计测得的度数来表示，度数愈高，表示有效成分含量越高。因此，使用前必须用波美比重计测量原液的波美度数，然后根据原液浓度和所需要的药液浓度加水稀释。一般最简单的稀释方法是直接查阅"石硫合剂稀释倍数表"。也可以用下列公式按重量倍数计算。

加水稀释倍数 =（原液波美浓度 – 需要的波美浓度）／需要的波美浓度

注意事项：

第一，发芽前通常用 3 ~ 5 波美度液，生长期施用一般不能超过 0.5 波美度。

第二，石硫合剂是强碱性药剂，不能与怕碱药剂混用，不能与波尔多液混用。在喷过石硫合剂后需间隔 7～15 天才能喷布波尔多液，而喷过波尔多液后需间隔 15～20 天才能喷布石硫合剂，否则易产生药害。

第三，石硫合剂有腐蚀作用，使用时应避免接触皮肤。如果皮肤或衣服沾上原液，要及时用水冲洗。喷药器具用后要马上用水冲净。

（2）波尔多液

①性状：波尔多液是由硫酸铜、生石灰和水配制而成的天蓝色胶状悬浮液。其中有效成分为碱式硫酸铜。药液呈碱性，比较稳定，黏着性好。但久置会沉淀，产生原定形结晶，性质发生改变，药效降低。因此，波尔多液要现用现配，不能贮存。药液对金属有腐蚀作用。

②作用特点：波尔多液是保护性杀菌剂，对大多数真菌病害具有较强的防治作用。其杀菌机制是依靠水溶性铜凝固蛋白质，并和菌体内多种含 - SH（巯基）的酶作用。将刚配好的波尔多液喷洒树体或病原菌表面后，形成一层很薄的药膜，此膜虽然不溶于水，但它在二氧化碳、氨、树体及病菌分泌物的作用下，会逐渐使可溶性铜离子增加而起杀菌作用，并可有效地阻止孢子发芽，防治病菌的侵染。

此外，波尔多液中的铜元素被树体吸收后，还可起到施微量元素的作用，促使叶片浓绿，生长健壮，提高其抗病力。

③波尔多液的配置：原料配置比例　一般樱桃树使用

的比例为石灰倍量式，水量的多少可以根据防治对象和季节来定，一般用量为硫酸铜、生石灰与水的比例为1:2:(200~240)。

配制方法 波尔多液质量的好坏和配置方法有密切关系。一般常用的配置方法有以下两种：

a. 注入法：先将硫酸铜和生石灰按比例称好，分别盛在非金属容器中，然后用配药总水量的2份溶化生石灰，滤去残渣，即成浓石灰乳。再用余下的8份水制成稀硫酸铜溶液（先用少量热水将硫酸铜化开，然后加入剩余水）。待上述两液温度相等时，再将稀硫酸铜溶液慢慢倒入浓石灰乳中，边倒边搅拌，即成天蓝色的波尔多液。用这种方法配成的药液质量好，颗粒较细而匀，胶体性能强，沉淀较慢，黏着力较强。

b. 并入法：将硫酸铜和生石灰按比例称好，分别装入容器内，用总水量的一半来稀释硫酸铜（先用少量热水将硫酸铜溶化），用另一半水溶化生石灰（滤去残渣），待上述两液温度相等时，将硫酸铜液和石灰乳同时慢慢倒入另一个容器中，边倒边搅拌，即成波尔多液。

波尔多液配置的质量好坏，与原料的优劣有直接关系。因此，在配制时，要注意选择优质硫酸铜，对生石灰的要求是选择烧透、质轻、色白的块状石灰，粉末状的消石灰不宜使用。

④防治对象及使用方法：防治樱桃叶片各种病害。可在樱桃采收后与其他有机农药交替使用，每隔20天喷一次石灰倍量式240倍液，保护树体和叶片。

注意事项：

第一，预防药害。波尔多液是比较安全的农药，但施用不当时也会产生药害。波尔多液浓度过大或温度过高时喷布，会使嫩叶发生药害。喷布波尔多液后如果遇到阴雨连绵天气，或者在湿度过大及露水未干时喷药，均易引起药害，因此要选择晴天露水干了之后喷药。喷药过重或药液质量不合乎要求时，均易发生药害，应加以避免。喷布波尔多液后相隔时间过短就喷布石硫合剂时，也会产生硫化铜而产生药害。因此，喷过波尔多液后 15～20 天内不能喷石硫合剂和松蜡合剂。喷过矿物油乳剂后 30 天内不能喷布波尔多液，以免出现药害。

第二，配制药液时禁止使用金属容器。

第三，用注入法配置时，只能将稀硫酸铜液倒入浓石灰乳中，顺序不能颠倒，否则配制的药液沉淀快，且易发生药害。

第四，药液应随用随配，超过 24 小时易沉淀变质，不能再用。

第五，配好的药液不能稀释。

第六，喷布时要做到细致周到。喷后如遇大雨，天晴后应及时补喷。

第七，为提高药效，应在药液中加入展着剂，如 0.2%～0.3% 豆浆、中性洗衣粉等。

第八，波尔多液呈碱性，含有钙，不能与怕碱性农药以及石硫合剂、有机硫制剂、松蜡合剂、矿物油剂混用。

第九，波尔多液是一种杀菌范围广、药效时间长、经济适用的一种广谱型保护性杀菌剂。但在樱桃树上每年应用的次数过多，会造成叶片脆、厚、易破损，还可能造成红蜘蛛泛滥。因而在生产上要减少波尔多液的施用次数，每个生长季施用3次左右即可。

第十章　甜樱桃自然灾害防御措施

一、防风害

甜樱桃在北方果树中是最不抗风的，尤其是幼树期间，新梢生长旺盛、叶片大，易使树体头重脚轻，加之目前我国的主要产区大多为沿海地区，风多风大，甜樱桃的防风历来为人们所重视。

首先根据果园的立地环境建造完善的防护林体系，是防风的重要措施。

拉线固定或设立支架是生产中最常用的简便易行的方法。每株树均匀地拉 3~4 道拉线，为了增强线的拉力，线的倾角以 45°为佳。一端拴在砸入土中的橛子上，另一端固定在树的中心干上，位置在第 1~2 层主枝间。中心干要先用布、胶皮、塑料等柔软、耐磨的材料包裹，然后再栓拉线，拉线要有个环，不可系紧，防止树中心干加粗而勒进去。拉线的材料可选择防老化的尼龙绳或铁丝，幼树时受风小，用尼龙绳拉住即可，绳粗 1 厘米。成龄树宜用 8 号铁丝或钢丝拉住固定。设立支架即是用木方架设一个十字花型支架绑缚在树体中心干上。

生产上甜樱桃防风还可以通过采取架式栽培（如 V 字

形、篱壁形）和结合整形拉枝加以固定。

遭受风害后吹倒、吹歪的树，若土壤干爽，可立即扶起、固定，扶正时要缓慢拉直树干，使根系复位，不可一下子用力过猛造成根系大量损伤，培土保护根系。若为雨中倒伏、倾斜，则必须等雨过风停，土壤稍干爽后方可将树扶起固定并培土保护根系，若土壤泥泞时即扶，往往使树根所处的土壤变成泥浆，引起根系死亡。风摇树干使周围形成的空隙，可用干土壤填充，踏实固定，切不可将泥浆灌入或用很湿的泥填入，以免板结，引起窒息。

二、防早春霜冻

甜樱桃花期较早，易遭晚霜危害。尤其雨后初晴的春夜，更易发生霜冻。人工防霜可采取熏烟、喷水、灌水、覆盖4种方式。

1. 熏烟法

熏烟法的具体做法是在甜樱桃园的地头堆放潮湿的杂草、作物秸秆、锯末、稻壳等可燃物，利用干草等引燃，使其大量发烟燃烧，但不得出现旺火，燃烧位置应在上风口，使产生的雾随风进入甜樱桃园，可有效防止霜冻。

2. 喷水法

喷水法是在易发生霜冻的夜晚向甜樱桃树上喷水，水的比热大，在凝结过程中可以释放出大量热，从而减轻霜冻，荷兰等北欧国家甜樱桃防霜常采取此种方法。龙带微喷灌溉有省水、快捷、易控制、低成本等优势。在园区选择几个有代表性的植株外围挂温度计，高度在 1.3 米左右，随时监测温度变化。当可能发生冻害时，采用龙带喷雾，每隔 30 分钟喷一次，每次 5 米，可使树体范围内温度保持在 3℃以上，防霜效果明显。

3. 灌水法

灌水法与喷水法防霜道理一样，只不过是在地面大量灌水，利用水的大比热特性，释放出热量，防治霜冻。

4. 覆盖法

覆盖法就是在树体上方架设支架，覆盖彩条布、无纺布、塑料棚膜或遮阳网等，可有效地防止直流霜冻的危害。

三、防冻害及幼树越冬抽条

甜樱桃抗寒能力较弱，－15℃即可发生冻害，生产实践中一定要切实做好树体防冻。树干涂白，可有效防止日灼，管理精细的园子，甚至连大枝也涂白，效果很好。入冬前对树干用干草、作物秸秆等包裹，可很好防治树干冻害，包草时一定要将根茎部位也包住，并在基部培土压风。还可在树的西北侧培一高 50 厘米、长 1～1.5 米的月牙形土埂，可有效提高根域地温，防止冻害。

幼树冻害抽条是甜樱桃经常发生的一种生理障碍，主要的原因是地上部枝梢蒸腾失水与根系吸水不平衡。甜樱桃幼树生长旺盛，枝梢组织较稀松，保水性差，根系适应性又弱，这种水分失衡的矛盾更为突出。防止冻旱抽条最基本的是加强栽培管理，使植株生长发育健壮，组织充实。具体的做法是前期加强水肥管理，促进枝梢迅速健壮生长，8 月底至 9 月初用多效唑蘸尖使新梢停长，提高枝条成熟度。落叶后和春季 3 月份气温开始回升时喷保水剂或防冻液。冬季风大风多地区，幼树期间落叶后用地膜条将一二年生枝条缠上，芽萌动后去除，效果很好。

及时防治大青叶蝉、蚱蝉等在枝干上产卵的害虫，防止枝条造成大量伤口，也可有效防止抽条。

秋季落叶前用 250 ~ 500 毫克/升的乙烯利喷布甜樱桃，可延迟翌春花期，有利于避开晚霜危害。300 毫克/升的乙烯利喷布可提高甜樱桃花芽的耐寒力。用 100 毫克/升的乙烯利加 50 毫克/升赤霉素混合液在落叶前喷布，可有效提高甜樱桃幼树耐寒性。

四、伤口保护

甜樱桃组织较松，伤口愈合能力较差，在修剪过程中要尽量避免造成过多、过大的伤口。去大枝时，最好在采收后进行，此时植株伤口愈合能力较强。锯口处最好留一小型根枝，可有效保护锯口下大枝，维持旺盛生长势。要尽量减少"朝天疤"，这类伤口难愈合，降雨易引起伤口长期过湿，木质部腐烂。直径超过 3 厘米的剪锯口要涂抹果树愈合剂、铅油、动物油脂或用塑料薄膜包裹，加以保护。

由于拉枝、采收等造成的大枝劈裂，可用枝棍将劈裂的枝固定在一个合适的方位，并用塑料薄膜将伤口包严。不必完全将枝回复到原位置，因为即使如此，劈裂开的伤口也很难愈合如初，往往生长几年后，支撑、绑缚材料一撤，照样劈开。而让劈裂伤口保持劈裂状态，再包塑料薄膜的情况下，伤口愈合却较理想，伤口两侧产生大量愈伤组织，形成新的皮层将伤口包住，劈倒的枝也仍能继续生长发育并大量结果。

五、保护地灾害的预防

1. 冬季防雪、温度骤降和大风

大风天要在温室东西向拉几道铁丝或压沙袋，防止大风揭草帘和棚膜。大雪天要及时清扫棚上积雪，以免压塌温室和雪水浸湿草帘。连续阴雪天，棚内温度有可能降至3℃以下时，要及时采取加温措施。方法有使用热风炉、电暖器或无烟的炭火盆等增温设施。

2. 防烟害

尤其是花期，临时加温时不可用明火，有炉子的温室注意防止烟筒漏烟或倒烟。防治病虫害时，忌用烟雾剂。

3. 防肥害

忌施用未发酵腐熟的畜禽粪尿，易产生气体的肥料要沟施后覆土。没用过的新肥料应先少量试用后再大量使用。

4. 防药害

由于温室内高温高湿药液浓度过量易产生药害，因此，用药浓度要准，农药要现配现用，充分搅匀。生长调节剂类药物，需经试喷后再用。

5. 防高温和干燥危害

高温和干燥危害多发生在晴朗无风的上午10：00至下午14：00，尤其是花期要密切注意棚内温度和湿度，做到人不离棚，及时通风和往地面洒水。

6. 放冷水灌溉危害

温室生产期禁用室外方塘水、坑水、河水灌溉，最佳方案是将室外水在温室内容器贮存后水温达8℃以上时再用。

7. 防火灾

火灾会使温室设施顷刻之间毁掉，故应加强防范。

第十一章　甜樱桃采后商品化 处理技术

樱桃为非呼吸跃变型果实，采后没有明显的呼吸高峰，呼吸强度一直呈下降趋势，乙烯释放量小，樱桃果实的糖分积累是在采前完成的，采后不会有糖分转化的过程，因此樱桃一定要适期采收，过早或过完采收对品质的影响很大。通常早熟品种的呼吸速率高于晚熟品种的呼吸速率，同时，晚熟品种，相对来讲，果皮较厚、果实硬度大，因此晚熟品种较早熟品种耐贮运。樱桃的黄色品种贮藏后易出现果锈，严重影响商品价值，只能做短期贮藏，较长时间的贮藏宜选用红色品种。

一、樱桃采收成熟度判断方法

樱桃果实大小和颜色是生产上判断采后成熟度的重要指标。樱桃果实成熟的过程一般表现出较明显的果皮颜色变化，采收时要根据不同品种具有的不同特征颜色适期采收，如适宜采收的滨库应该是在桃木红色，如果鲜红时采收成熟不够、紫红色采收过熟；莱伯特应该在鲜红时采收；先锋应该红色稍变深时采收；除了果实大小和颜色外也可以借助一些理化指标的判断，如硬度、可溶性固形物含量、可滴定酸含量等。

二、樱桃的采收时期

采收时期是否适宜，对果实的质量、产量和贮藏运输性能都有影响，需要依据品种特性、果实用途、天气状况等分批采收。

1. 品种特征

软肉品种如红蜜，适宜的采收期较短，采收稍晚就易引起果实擦伤，需及时采收；先锋等硬肉品种耐贮运，采收期可以适当延长。另外，果柄有离层的品种，也要较无离层的品种适当早采。

2. 树体结构

同一棵树由于开花时间的早晚和果实所处的部位不同，成熟期也不完全一致，一般早开花和树冠上部、外围的果实比晚开花和树冠内膛的果实成熟早，要依据果实成熟的情况，分批地进行采收。

3. 果实用途

就近销售的鲜食樱桃一般应在充分成熟、表现本品种特色时采收，外销鲜食或加工制罐头的果实，应在八成熟时采收，若做酿酒，则要等果实充分成熟时采收。

4. 天气

一些樱桃品种遇雨容易发生裂果，在适宜采收时要力争雨前采收，以避免裂果损失。同时用于长途运输或贮藏的樱桃应在天气凉爽的早、晚采收。

三、樱桃的采收方法

樱桃的采收以手工采摘为主，为了延长贮藏时间，防止腐烂一定要带果柄采收。采收时要手握果柄，用食指顶住果柄基部，轻轻掀起即可采下。采收过程中要轻拿轻放，避免擦伤。

采收用的果筐要轻便，不宜过大，筐内最好衬以有弹性的布片，以防刺伤果实。筐上可以安装一个钩子，便于悬挂枝头，以便双手采摘。

采果的顺序应该是由下而上，从外围到内膛，高处的果实需要登梯采摘。

四、樱桃的等级规格划分

1. 等级划分

根据对每个等级的规定和允许误差，樱桃果实应满足下列基本要求：①果实完整、新鲜；②无病虫害；③无污染；④无异味；⑤无非正常的外来水分；⑥有果柄；⑦对果柄易脱离的品种，果柄处无新鲜伤口。

在符合基本要求的前提下，樱桃果实等级分为特级、一级、二级，具体要求应符合表11-1的规定。

容许度

按数量计，特级允许有5%的产品不符合该等级的要求，但应符合一级的要求；

按数量计，一级允许有10%的产品不符合该等级的要求，但应符合二级的要求；

按数量计，二级允许有 10% 的产品不符合该等级的要求，但应符合基本要求。

表 11-1　樱桃等级

要求	特级	一级	二级
成熟度	适宜成熟度	适宜成熟度	适宜成熟度，过熟或未熟果 <5%
果柄	新鲜，完整	基本完整，褐变和损伤率 <5%	新鲜，基本完整，褐变和损伤率 <10%
色泽	具有品种典型色泽	基本具有品种典型色泽	基本具有品种典型色泽，着色面积不完全
果型	端正	基本端正	基本端正
裂果	无	无	允许少量裂果，但不能流汁
畸形果	无	≤2%	≤5%
瑕疵	无	≤2%	≤10%

2. 规格划分

以果实横径为指标，樱桃果实分为大（L）、中（M）、小（S）三个规格。各规格的划分应符合表 11-2 的规定。

表 11-2　樱桃规格　　　　　　（单位：毫米）

规格	大（L）	中（M）	小（S）
果实横径	≥27.0	21.1~26.9	≤21.0

容许度

容许度按数量计：

特级樱桃允许有 5% 的产品不符合该规格的要求；

一、二级樱桃允许有 10% 的产品不符合该规格的要求。

五、包装

包装的目的：一是保护果品，使之便于贮藏、运输与销售，减少因挤压、碰撞造成的伤害；二是美化果品，提高产品档次；三是通过精美的包装并在包装箱上辅以适当的广告宣传，树立企业形象，创立知名品牌。

同一最小包装单位内，应为同一等级、同一规格、同一色泽和同一品种的产品，包装内的产品可视部分应具有整个包装产品的代表性。宜使用瓦楞纸箱或聚苯乙烯泡沫箱进行包装，且包装材料应清洁干燥、牢固、透气、无污染、无异味、无虫蛀，有保护性软垫，并符合 GB/T 6543 或 GB 9689 的要求。

六、运输

甜樱桃不耐运输，运输过程中要尽量采用低温冷藏，以延长其运输寿命，保证运输后的果实新鲜。

七、预冷

樱桃在采收后需要及时预冷，迅速散去田间热。其主要目的是将其快速降温，抑制樱桃果实的呼吸，减少消耗，提高贮藏质量，延长贮藏时间。一般将采后的樱桃果实温度在 4 小时内降至 5℃ 以下，可采用冷库预冷、强制通风预冷或水冷。水冷是最有效的预冷方法，同时，水冷结合杀菌剂还能降低采后腐烂。

八、适宜的贮藏条件

樱桃在常温下有 2 ~ 3 天的货架期，只有采取适宜的贮藏条件，才能延长其保鲜期。

1. 温度

樱桃贮藏的适宜温度为 -1 ~ 0℃。适宜的低温可以有效地抑制呼吸，延缓衰老，抑制病菌的生长。因此，温度是樱桃贮藏的重要条件。

2. 湿度

樱桃贮藏的适宜湿度为 95%。樱桃贮藏期间如果环境的湿度过低，极易使果柄失水萎蔫变黑，表现皱皮变褐而腐烂，保湿的重要措施就是采用保鲜袋包装，以此来保持樱桃果实本身水分不散失。

3. 气体成分

采用气调库（CA）或保鲜袋（MA）进行气调贮藏保鲜樱桃，可以有效地保持樱桃果实鲜艳的颜色、降低硬度和酸度，延缓果梗褐变和腐烂。气调贮藏的成功与否与采收时果实的品质有关，过晚采收的樱桃气调效果不好。一般 CA 气体指标为：O_2 浓度 1% ~ 5%，CO_2 浓度 5% ~ 20%。适宜的高 CO_2 浓度和低的 O_2 浓度可以有效地抑制其呼吸，使其处于一种休眠状态，保持樱桃果实本身的鲜活品质和营养，但 CO_2 浓度过高（不同品种对 CO_2 的忍耐力略有不同），会引起樱桃果实褐变和产生异味。一般 MA 气体指标为：O_2 浓度 5% ~ 10%，CO_2 浓度 5% ~ 15%。

九、甜樱桃果品采后易发生的病害

1. 侵染性病害

樱桃的采后侵染性病害主要是褐腐病、黑腐病和灰霉病。这几种病害的病原菌即使在低温下也能缓慢生长，因此要注意防控。

褐腐病发病初期是果实表面产生小的水浸状病斑，随后病斑逐渐扩大，受害果肉变成褐色，随着病情的发展，在病斑表面长出灰褐色的绒状霉层，即病菌的分生孢子层，孢子层常呈圆心轮纹状排列。该病菌主要由生长季田间侵入果实，也可以在贮运过程中病果与健果接触而侵染。该病的发生，跟气候条件有关，有的年份发生重，有的年份发生轻，防治重点是采前树上防治。

黑腐病发病症状是在果面上表现为带有明显边缘的、黑色塌陷的斑点。该病菌可以从表皮侵入；灰霉病发病初期在果实上形成水浸状病斑，随后变淡褐色，生长浅灰色柔软霉层。该病菌主要通过伤口侵入。黑腐病和灰霉病是导致樱桃果实采后腐烂的主要病害，在采后的整个过程避免果实机械伤、轻拿轻放，同时，要做好贮藏场所的卫生消毒。

2. 生理病害

果实表面凹陷和擦伤：果实表面凹陷斑和擦伤主要是

采收过程机械伤引起的。采收、运输或包装过程果实过分挤压、振荡、脱落或受到大的冲击力等时，当时可能不表现症状，当果实销售时才出现症状。

冷害和冻害：冷害是樱桃果实在冰点以上的低温下发生的生理病变，冻害是樱桃果实在低于冰点温度下引起的生理病变。其症状通常表现为表面凹陷、水浸状等，樱桃的冰点温度为 $-1.8℃$。

气体伤害：贮藏中 CO_2 浓度过高也可引起生理病害，产生果肉果皮褐变。

参考文献

[1] 于绍夫．大樱桃栽培新技术．北京：山东科学技术出版社

[2] 邱强．原色桃李杏梅樱桃病虫图谱．北京：中国科学技术出版社

[3] 吴禄平，吕德国，刘国成．甜樱桃无公害生产技术．北京：中国农业出版社

[4] 韩凤珠，赵岩，王家民．大樱桃保护地栽培技术．北京：金盾出版社

[5] 赵海亮等．落叶果树需冷量及其估算模型研究进展．北方果树，2007（6）

[6] 赵改荣，黄贞光．大樱桃保护地栽培．郑州：中原农民出版社

[7] 刘扬青等．阿坝州甜樱桃引种及优质早果丰产栽培技术研究报告